Peter Wilkens

NIEDERE TIERE

Steinkorallen, Scheiben- und Krustenanemonen

unter Mitarbeit von

A. Arnold, J. Birkholz, R. Marbé, F. Tognola

Peter Wilkens

Niedere Tiere

Steinkorallen
Scheiben- und Krustenanemonen

Engelbert Pfriem Verlag

Bildautoren:

J. Birkholz: Bild 9, 10, 11, 14, 20, 22, 23, 25, 26, 28, 29, 30, 32, 33, 38, 40, 50, 51, 52, 53, 54, 55, 57, 63, 66, 69, 71, 73, 77, 78, 79, 80, 82, 86, 87, 88, 89, 90, 91, 92, 93, 94, 95.

G. Loser: Bild 3, 4, 5, 6, 13.

D. Stüber: Bild: 8, 15, 17, 27, 49.

F. Tognola: Bild 60, 62, 70.

H. Schöne: Bild 65, 67, 83.

P. Wilkens: Bild 1, 2, 7, 12, 16, 18, 19, 21, 24, 31, 34, 35, 36, 37, 39, 41, 42, 43, 44, 45, 46, 47, 48, 56, 58, 59, 61, 64, 68, 72, 74, 75, 76, 81, 84, 85.

Titelbild: P. Wilkens

Gesamtherstellung: Wupper-Druck GmbH, Wuppertal

ISBN 3-921677-15-7

Inhalt

Vorwort

Im Vorwort zum zweiten Band unserer neuen Reihe „Niedere Tiere" möchte ich Dank sagen für die ungeheuer große Zustimmung, die der erste Band über Röhren-, Leder- und Hornkorallen bei den Seewasseraquarianern gefunden hat. Johannes Birkholz und ich hatten zwar mit einigem Interesse gerechnet, doch ein so unerwartet hoher Anklang hat uns überrascht und natürlich erfreut.
Mit dem zweiten Band, in dem wir von den sechstrahligen Blumentieren *Anthozoa Hexacorallia* einige Steinkorallen, Scheiben- und Krustenanemonen vorstellen, möchten wir weitere Tips und Hinweise zur erfolgreichen Pflege geben. Selbstverständlich können wir nicht die gesamte Fülle der inzwischen eingeführten festgewachsenen Blumentiere darstellen, zumal in den Importen regelmäßig bisher in der Aquaristik unbekannte Arten anzutreffen sind. Wir haben daher aus unzähligen Steinkorallen, Scheiben- und Krustenanemonen jene ausgewählt, die in Zoofachgeschäften mit gut ausgebauter Seewasserabteilung immer wieder zu finden sind. Dazu kommen einige haltbare Steinkorallen, die sich die Taucher unter den Meeresaquarianern manchmal mitbringen. Das gilt insbesondere für einige riffbildende Arten, die nur selten einmal importiert werden.
Da die wenigen technischen Hinweise im ersten Band, die sich vorwiegend mit sinnvoller Beleuchtung, Ozonisierung und pH-Wert-Stabilisierung befassen, besonders hohes Interesse gefunden haben, werde ich, im Zusammenhang mit den sechsstrahligen Blumentieren, wieder kurz darauf eingehen. Ausführlicher besprochen wird dies alles jedoch im Band über meeresaquaristische Technik.
Aus den vielen Zuschriften, die ich kurz nach Erscheinen des ersten Bandes dieser neuen Reihe erhielt, geht hervor, daß mit unkontrollierter Ozon- und Kohlendioxidzugabe erhebliche Pannen in Riffaquarien aufgetreten sind. Mein Rat auch für die in diesem Buch vorgestellten Tiere: Ersparen Sie sich jegliche sogenannte Wasserverbesserung mit diesen beiden Gasen im Wirbellosen-Aquarium. Die Nachteile überwiegen eventuelle Vorteile bei weitem.
Auch dieses Buch weist wieder ein reiches Bildmaterial auf, das vor allem dem Anfänger in der Pflege tropischer Blumentiere helfen möchte, geeignete Wirbellose auszuwählen. Dafür möchte ich dem Verleger, Herrn Engelbert Pfriem, danken.

Peter Wilkens | Winterthur, im Dezember 1986

Einleitung

In Fortsetzung zu den achtstrahligen Blumentieren *Anthozoa Octocorallia,* den Röhren-, Leder- und Hornkorallen, sollen in diesem Band drei Ordnungen aus der Unterklasse der sechsstrahligen Blumentiere *Zoantharia (Hexacorallia)* dargestellt werden.

Beginnen wollen wir mit einigen Vertretern der fantastischen Baumeister tropischer Riffe, den Steinkorallen *Scleractinia (Madreporaria),* die in unseren Wirbellosen-Aquarien in den letzten Jahren eine immer größere Verbreitung gefunden haben.

Wurden noch vor etwa 15 Jahren Steinkorallen nur von einigen wenigen Spezialisten über einen meist viel zu kurzen Zeitraum im Aquarium gepflegt, so gibt es heute nicht wenige Liebhaber mit herrlichen, echten Miniriffen, in denen selbst so empfindliche Arten wie *Acropora-, Stylophora-, Seriatopora-, Echinopora-*Steinkorallen und andere über Jahre gehalten und vermehrt werden.

Dennoch ist die erfolgreiche Pflege tropischer Riffkorallen noch bei weitem nicht so verbreitet wie etwa die Haltung von Lederkorallen. Riffbecken mit Steinkorallen müssen sehr sorgfältig und mit Ausdauer gewartet werden, denn so zäh wie viele achtstrahlige Blumentiere sind die Riffbauer nicht.

Andererseits benötigt ein Riffaquarium auch bei weitem nicht jenen technischen Aufwand mit allerlei elektronischem Steuergerät, wie es seit kurzem so heftig propagiert wird.

Für den erfolgreichen „Riffaquarianer" sind das teuere Zubehör allenfalls Hilfsmittel, nicht jedoch Grundvoraussetzung sinnvoller Blumentierpflege.

Biologisches Verständnis und Einfühlung in eine immer noch geheimnisreiche, salzige Welt unter Wasser können durch keinen noch so großen apparativen Aufwand ersetzt werden. Dies beweisen viele Riffaquarien mit herrlichem Steinkorallenwuchs, die mit einem erstaunlich geringen Gerätepark sehr erfolgreich gepflegt werden.

Wesentlich einfacher zu halten ist eine inzwischen umfangreiche Gruppe festgewachsener Blumentiere aus der Ordnung der sog. falschen Korallen *Corallimorpharia,* die allgemein als Scheiben- oder Telleranemonen bezeichnet werden. Diese Niederen Tiere können bei einiger Grundkenntnis auch von Anfängern erworben und über Jahre hin gepflegt und vermehrt werden.

Die korallenartigen Scheibenanemonen, die morphologisch sowohl mit den freibeweglichen Seeanemonen oder Aktinien *Actiniaria* als auch mit den Steinkorallen *Scleractinia* verwandt sind, können im großen und ganzen als ungewöhnlich ausdauernd und zäh bezeichnet werden.

Auch die dritte Ordnung sechsstrahliger Blumentiere, die Krustenanemonen *Zoanthiniaria* oder *Zoanthidea* sind nicht schwierig zu halten, besiedeln sie doch als festgewachsene, meist koloniebildende Wirbellose nicht nur in subtropisch-tropischen Meeren oft stark belastete, organisch verunreinigte Zonen.

Lebensraum Riff und Aquarium

In diesem Kapitel will ich wieder auf jene Riffgebiete zurückkommen, die ich schon im ersten Band kurz vorgestellt habe, und aus denen die Mehrzahl der heute importierten, aquaristisch geeigneten sechsstrahligen Blumentiere stammt.

Dabei will ich mich nicht ausführlich mit der Riffökologie und -morphologie befassen. Für diese Gebiete heutiger Rifforschung, wie auch für einige andere, Physiologie z. B., stehen dem interessierten Aquarianer zwei herrliche, allgemein verständliche Bücher im deutschen Sprachraum zur Verfügung. Es sind dies: „Korallenriffe. Ihre Verbreitung, Tierwelt und Ökologie", BLV Verlagsgesellschaft mbH, München 1976, meines Studienkollegen Prof. Dr. Helmut Schuhmacher, sowie „Das Lebende Riff", Landbuch-Verlag GmbH, Hannover 1984, von Prof. Dr. Dietrich Kühlmann. Beide Werke sollte jeder Seewasseraquarianer, der sich mit festgewachsenen Blumentieren befaßt, unbedingt besitzen. Sie bieten eine ungeheure Fülle interessanter Information, die wesentlich zum biologischen Verständnis unserer Aquarientiere beiträgt.

Die Mehrzahl der importierten Steinkorallen, Scheiben- und Krustenanemonen stammen aus Riffgebieten und -abschnitten, wie ich sie schon im ersten Buch skizziert habe.

Die allgemein sehr haltbaren Scheiben- und Krustenanemonen siedeln im Riff und an Felsküsten in mäßig bis teilweise stark organisch belasteten Meeresgebieten besonders reichlich. So war für mich z. B. die Vielfalt farbprächtiger Krustenanemonen in den äußeren Hafengebieten Singapurs erstaunlich. Auch die Fülle herrlicher Scheiben- und Krustenanemonen auf den meist unbewohnten, von lebenden Steinkorallen fast völlig entblößten Inseln der Str. von Malacca faszinierte mich in den letzten 6 Jahren immer wieder. An den Küsten Ostafrikas, in Kenya und Tansania treten Scheiben- und Krustenanemonen als Sekundärsiedler abgestorbener Korallenriffe immer stärker auf. Für den Seewasseraquarianer großartig, für den Riffökologen erschreckend, sind auch die Verhältnisse in der Zentralen Javasee, im Bereich der Erdölförderung. Die Vielfalt an Kohlenwasserstoffen, die durch die Off-Shore-Ölbohrungen in dieses Korallenmeer gelangen, scheinen, nach entsprechender Verdünnung, zu einer Massenvermehrung von Krusten- und Scheibenanemonen, aber auch Röhren- und Lederkorallen zu führen. Empfindliche riffbildende Steinkorallen werden dagegen bis auf wenige harte Arten ausgerottet.

Weder auf den noch weitgehend intakten Riffen der Malediven, noch in denen Balis oder jener kleinen Inseln des südchinesischen Meeres östlich Malaysias finden sich so großartige Ansammlungen an Scheiben- und Krustenanemonen wie in den vorher beschriebenen Gegenden.

Meine Freunde in Südostasien, die mich in den letzten Jahren zu den unterschiedlichsten Riffgebieten führten, sind immer wieder selbst überrascht, wie sich die Inseln und Küsten von Jahr zu Jahr schneller in ihrer Gesamtbesiedlung ändern. Dort, wo es vor gar nicht so langer Zeit mehrheitlich nur riffbildende Steinkorallen gab, finden sich heute sessile Blumentiere als Sekundärsiedler, die sie nie vorher gesehen hatten.

Ich selbst konnte zwischen Sumatra und der malayischen Halbinsel seit 1983 eine ständig wechselnde Besiedlung mit den im ersten Buch und in diesem beschriebenen Tiergruppen beobachten.

Faszinierend ist das Wachstum einzelner Blumentier-Arten. Entnahmen wir aus einer etwa einen Quadratmeter großen Kolonie leuchtend grüner Krustenanemonen ein Teilstück von rund 10 bis 15 cm^2, so wurde der dann kahle Riffels nach vier bis sechs Wochen neu besiedelt. Ähnlich rasch ist auch die Vermehrungsrate, und zwar ungeschlechtliche Knospung und Teilung, bei Scheibenanemonen und Lederkorallen, wobei hier die *Xenia*- und *Anthelia*-Arten besonders üppig wuchern.

Interessant sind die einzelnen ökologischen Nischen, in denen die Blumentiere siedeln. Während die Krustenanemonen mit wenigen Ausnahmen, auf die ich bei der Tierbesprechung selbst noch zurückkommen werde, mehrheitlich Stellen mäßiger bis stärkster Strömung vorziehen, finden sich viele Arten von Scheibenanemonen mehr an strömungsschwachen Orten, wo sie nur kurzfristig beim Wechsel von Ebbe und Flut stärkerer Wasserbewegung ausgesetzt sind.

Bemerkenswert und für die Aquarienhaltung wichtig ist die vertikale Verteilung der Blumentiere, die hier beschrieben werden.

Wie bei den Lederkorallen trifft man aquaristisch gut geeignete Arten auf der Riffplatte (Bild 1) unter den schon im ersten Band beschriebenen harten Umweltbedingungen an. Die hohe Sonneneinsttrahlung bewirkt bei vielen Krusten- und Scheibenanemonen eine extrem starke Ausbildung von UV-Schutzstoffen, die wahrscheinlich in „Zusammenarbeit" mit den symbiotischen Algen Zooxanthellen produziert werden.

Scheiben- und Krustenanemonen ziehen sich beim Höchststand der Sonne, wenn dieser mit der Ebbe-Zeit zusammenfällt, völlig ein. Bei hohem Wasserstand sind sie dagegen voll geöffnet. Es gibt für einen Meerwasseraquarianer, der sich für Blumentiere begeistert, kaum einen schöneren Anblick, als wenn sich farbprächtige Krustenanemonen nach stundenlanger intensivster Sonneneinstrahlung in ihrem zum Teil trockengefallenen Siedlungsraum zu sternblütiger Schönheit entfalten Auch wenn aus unscheinbaren Gallerthäufchen zusammengeschrumpfter Scheibenanemonen fluoreszierende „Blütenblätter" entstehen, ist das ein Erlebnis besonderer Art.

Manche Krustenanemonen-Arten auf der Riffplatte sind regelrechte Sedimentfänger. Zwischen den einzelnen Polypen, die mit ihrer Basalscheibe meist festem, abgeschliffenem Riffgestein aufsitzen, sammelt sich feiner und feinster Korallensand mit all seinen Bestandteilen aus Lederkorallen-Skleriten, Schwammnadeln, abgeriebenen Seeigelstacheln, Schnecken- und Muschelscha-

len, Bruchstücken von Kalkrotalgen und dergleichen mehr. Dieser Sand wir nicht selten sekundär von Foraminiferen, winzigen kalkabscheidenden Einzellern aus der Klasse der Wurzelfüßer *Rhizopoda* verkrustet. Das so entstandene, „halbharte" Substrat schafft dann Siedlungsgrund für *Anthelia-* und *Xenia-*Weichkorallen oder auch „grünglasige" Kugelalgen aus den Gattungen *Valonia* und *Dictyosphaeria,* die sich in manchen Seewasserbecken, besonders unter HQI-Licht zu einer Plage entwickeln können.
Auch die Scheibenanemonen-Arten aus der Gattung *Actinodiscus,* die auf der Riffplatte anzutreffen sind, beherbergen zwischen ihren hutpilzartigen Kolonien regelmäßig interessante festgewachsene Wirbellose. Verschiedene Schwämme, oft leuchtend gelb, orange und rot, aber auch graugrün, braun und schwarz wachsen als Krusten, einige auch kalkbohrend, im Schutz der bunten Scheiben. Immer wieder findet man winzige Archenmuscheln, Kalkröhrenwürmer, Moostierchenkolonien und andere Filtrierer. Alle diese Lebewesen sind natürlich eine willkommene Bereicherung unserer Riffbecken, sorgen sie doch mit für ein stabileres Milieu. Leider gibt es auch oft Krabben und räuberische Borstenwürmer im löcherigen Riffgestein, auf dem die Scheibenanemonen wachsen. Winzige Schlangensterne und algenfressende Porzellanschnecken, meist sog. Geldkauris *Cypraea moneta* sind da schon beliebtere Mitbewohner der Scheibenanemonen-Kolonien.
Die *Actinodiscus*-Arten der Riffplatte sind beige, braun bis grüngrau gefärbt, viele leuchten wieder durch den Gehalt an UV-Schutzstoffen im Gewebe.
Auch am Riffabhang (Bild 3, 4 und 5), besonders aber im gerölligen Vorriff (Bild 6), finden sich verschiedene Scheiben- und Krustenanemonen.
Besonders die beliebten rötlichen und blauen bis violetten *Actinodiscus*-Arten siedeln dort immer an strömungsschwachen Stellen. Diese Vertreter der *Corallimorpharia* leben unter weitaus gleichförmigeren Umweltverhältnissen als ihre Verwandten auf der Riffplatte bzw. dem Riffdach. Als Bewohner der sog. Gelb- und Grünlichtzone (siehe dazu „Das Lebende Riff") vertragen diese Arten die helle Lichteinstrahlung der Riffplatte nicht.
Auch Krustenanemonen finden sich im Vorriffbereich, in mäßig zerstörten Korallenriffen oft am Riffhang. In Mauritius, Ostafrika und in wenigen Riffen Südostasiens entdeckte ich nicht selten Krustenanemonen, die in dicken Schwammkolonien wuchsen. Diese wohl überwiegend der Gattung *Zoanthus* zugehörigen Arten scheinen nach aquaristischen Beobachtungen hinfälliger zu sein, vor allem, wenn das Schwammgewebe abstirbt. Diese Arten sind auch nicht mit ihrer Basalscheibe fest mit dem Untergrund verbunden, sondern stecken oft einzeln mit einem konisch zugespitzten Stamm und Fuß in den Schwammkolonien, wo sie aber ebenfalls lose Tierstöcke bilden.
Die für die Aquaristik eingeführten riffbildenden Steinkorallen stammen wieder überwiegend von der Riffplatte, einige wenige aus dem Riffhang und dem Vorriff.

Bekannte und seit vielen Jahren mit Erfolg gepflegte Steinkorallen der Riffplatte, Ebbetümpel und Riffkanäle sind die Wulst- oder Kraterkoralle *Trachyphyllia geofroyi,* die Pilzsteinkoralle *Fungia actiniformis,* verschiedene *Goniopora*-Arten und eine ganze Reihe von Sternkorallen der Gattungen *Favia* und *Favites.* Weniger bekannt, in den letzten Jahren aber mit großem Erfolg gepflegt, sind krustenbildende *Echinopora*- und *Montipora*-Arten der Riffplatte.
Vom Riffhang stammen die bisher noch von wenigen „Könnern" gehaltenen und vermehrten Zweigkorallen der Gattung *Acropora,* Finger- und Buschkorallen der Gattungen *Pocillopora* und *Stylophora,* die als Dekorationsmaterial bekannter sind, sowie *Pachyseris*-Arten.
Eine der bekanntesten und ausdauerndsten Riffkorallen des Abhangs ist die Blasenkoralle *Plerogyra sinuosa,* die seit 15 Jahren regelmäßig eingeführt wird. Ebenfalls aus dem Riffhang, mehr jedoch noch aus flachen Vorriffbereichen kommen die haltbare Wunder- oder Zackenkoralle *Catalaphyllia plicata, Lobophyllia*- und *Euphyllia*-Arten, aber auch *Trachyphyllia*- und *Fungia*-Arten sowie Vertreter der Familie *Faviidae* und *Porites*-Arten, wobei letztere auch auf der Riffplatte gesammelt werden.
Organisch belastete und sedimentreiche Riffabschnitte (Bild 2) weisen natürlich nur noch eine geringe Artenzahl hermatypischer, d. h. riffbildender Steinkorallen auf. Nach meinen vielen Untersuchungen der letzten 10 Jahre sind dies vor allem *Goniopora-, Porites-, Favia-* und *Turbinaria*-Arten sowie *Trachyphyllia geofroyi* und *Fungia actiniformis.*
Diese Korallen wie auch einige Krusten- und Scheibenanemonen lassen sich sozusagen in einer Art Endkampf ums Überleben auch noch in völlig von Kriechsproßalgen der Gattung *Caulerpa,* besonders der flach kriechenden „Weintrauben-Caulerpa" *C. racemosa* var. *uvifera,* oder der gesägten Art *C. serrulata,* verkrauteten Riffabschnitten beobachten. Sieger in diesem lautlosen Krieg sind früher oder später die Algen, die bei noch stärkerer Verschmutzung dann von nitrophilen (stickstoffliebenden) Fadenalgen abgelöst werden. Dann ist, wie im Aquarium auch, ein Überleben irgendwelcher Blumentiere nicht mehr möglich.

Diese kurze Darstellung des natürlichen Lebensraumes unserer aquaristisch geeigneten sechsstrahligen Blumentiere, die als Ergänzung zu den im ersten Band beschriebenen Faktoren anzusehen ist, soll damit abgeschlossen werden. Im folgenden möchte ich nochmals kurz auf eine für diese Tiergruppe wichtige aquaristische Umweltbedingungen eingehen. Dabei will ich mich auf einige wenige Faktoren beschränken und versuchen, die bei manchen Aquarianern aufgetretene Unsicherheit bezüglich des sog. Kalkwassers und der Entschäumung und Filterung zu beseitigen. Eine Zusammenschau meeresaquaristischer Technik werde ich in dem Band „Das Seewasseraquarium" bieten. Sessile Blumentiere, und das ist meine fast 25jährige Erfahrung, gedeihen und wachsen, entfalten und vermehren sich immer noch am besten in gut abgeschäumtem Seewasser. Kein

einziges der mit viel Werbeaufwand empfohlenen sog. neuen biologischen Filterverfahren, die im Grunde genommen alle schon einmal vor der Entdeckung und Entwicklung verschiedener Abschäumverfahren in der einen oder anderen Form betrieben wurden, kann es mit der Wirksamkeit eines Entschäumers aufnehmen. Dieses Gerät ist aber, und das ist in einigen Abhandlungen der letzten Jahre wiederholt verkehrt dargestellt worden (was auf einige Unkenntnis der Autoren schließen läßt) kein Filter.
Ein Ab- oder Entschäumer ist ein nach chemisch-physikalischen Prinzipien funktionierendes technisches Gerät, das im Verfahren der Flotation oberflächenaktive organische Substanzen, die sehr kompliziert aufgebaute Eiweiß- und Kohlenhydrate enthalten, als Schaum aus dem Aquarium entfernt. Damit wird das üblicherweise hoch belastete Seewasser von organischen Dreckstoffen befreit, bevor diese von Bakterien abgebaut und mineralisiert werden. Mit dem Entschäumer entferne ich also Schmutzstoffe, die dann die biologischen Filter- und Abbausubstrate nicht mehr belasten. Weder Rieselfilter, die merkwürdigerweise mit allerlei unbiologischem Krempel wie Plastikfüllstoffen, Abwasserigeln u. ä. betrieben werden, noch großräumige Flächenfilter, wie sie mein Freund R. Lowak seit 15 Jahren zu Abschäumern betreibt, können mir und vielen tausend Aquarianern die hervorragende Funktion eines Entschäumers auch nur annähernd ersetzen. Dreck, den ich auf eine ziemlich unkomplizierte Weise aus dem Aquarium entfernen kann, werde ich nicht mit meist monströs aufgebauten biologischen Filterverfahren in zwar dann nicht mehr sichtbaren, auf die Dauer aber auch giftigen Dreck (Nitrate, Phosphate usw.) verwandeln.
Gewiß kann man ein Meerwasseraquarium auch nur mit biologischen Filterverfahren betreiben. Die Meeresaquaristik ist schließlich um einiges älter als die Erfindung der Abschäumverfahren. Kein technisches Gerät der letzten 20 Jahre hat aber die Seewasseraquaristik so verbessert und zu so unvorstellbaren Pflege-Erfolgen geführt wie der Entschäumer. So vertrete ich auch heute noch, bis vielleicht einmal etwas wirklich Besseres entwickelt werden wird, meine schon 1970 in Band I der „Niedere Tiere im tropischen Seewasseraquarium" publizierte Meinung: Ein Abschäumer für welche Becken auch immer, ist im Interesse der Tiere ein Gebot der Vernunft. Nicht wenige Seewasseraquarianer, die glaubten, mit einer nur auf biologischen Reinigungsverfahren aufgebauten Technik besser zu fahren, sind nach kurzer Zeit „reumütig" zu ihren Entschäumern zurückgekehrt.
Auch für die Blumentiere, die hier vorgestellt werden, ganz besonders aber für riffbildende Steinkorallen, ist ein Abschäumer dringend zu empfehlen. Führende Spezialisten in der Pflege empfindlichster Steinkorallen wie D. Stüber, E. Ewald, R. Krause geben unumwunden zu, daß sie ihre fantastischen Pflege-Erfolge gerade auch auf den Einsatz eines Entschäumers zurückführen. Aber auch Wissenschaftler, die dieses Gerät zur Aufzucht so sensibler Lebewesen wie Austern-, Hummer- und Seeigel-Larven einsetzten, mußten zu ihrer Verblüffung

feststellen, daß die Überlebensraten in gut entschäumtem Naturseewasser wesentlich höher waren, als in nur biologisch gefiltertem. Ich kann daher nur allen Aquarianern, die sich mit den Blumentieren tropischer Meere beschäftigen wollen, empfehlen, sich bei der Wasseraufbereitung zuerst um einen funktionstüchigen, den Beckengrößen des Aquariums entsprechenden Entschäumer zu kümmern. Dieses Gerät ist bis heute einzigartig in der Verbesserung und Stabilisierung des aquaristischen Milieus. Auch die Behauptung, daß im Aquarium das sog. Kalk-Kohlensäure-Gleichgewicht mit einem Entschäumer zerstört werde, wird durch ständige Wiederholung nicht zur Wahrheit. Dies ist schlicht dummes Geschwätz.

Zur biologischen Filterung wähle man nach der Erfahrung international anerkannter Seewasserpraktiker und Wissenschaftler immer noch am besten sehr groben Korallenkies. Seine Oberfläche ist schon durch die Unzahl von Poren weitaus höher als die sämtlicher Plastikfüllkörper, die eine Fehlentwicklung für die biologische Abwasserreinigung waren und heute meist zur Rauchgasentschwefelung benutzt werden, die mit biologischer Filterung nun wirklich nichts gemein hat.

Zur biologischen Denitrifikation und zur Bindung der schädlichen Phosphate, die den Skelettaufbau der Steinkorallen stören, benutzen erfolgreiche Praktiker seit 1976 die spezial aufbereitete hochadsorptive Aktivkohle „Hydrocarbon" meist in untergetaucht betriebenen Kammerfiltern, die ich im Technikband vorstellen werde.

Hydrocarbon dient auch der völligen Entgiftung biologisch nicht mehr abbaubarer Substanzen, der sog. Gelb- oder Urinfarbstoffe.

Für die sechsstrahligen Blumentiere gelten die gleichen Beleuchtungsvorschläge wie in Band I. Ausnahmen werden bei den Tieren selbst besprochen. Das gilt auch für die Strömungsverhältnisse.

Auf eine künstliche CO_2-Diffusion sowie übertriebene Ozonisierung sollten wir im Interesse der Tiere auch bei diesen Riffbewohnern unbedingt verzichten. Die Pannen mit den Steuergeräten, die bei Anwendung dieser beiden Gase notwendig werden, sind inzwischen nicht mehr zu zählen. Dazu ein typisches Beispiel: Wird ein elektronisches Dauer-Meßgerät, das den pH- oder Redoxwert über eine elektronische Steueranlage stabilisieren soll, in der Nähe einer größeren Kohlendioxid-Druckflasche aufgestellt, ergeben sich durch die Stahlmassen ständig falsche Richtwerte. Hinzu kommt, daß die meisten Steueranlagen in der hohen, oft salzhaltigen Feuchtigkeit um das Aquarium bald einmal „ihren Geist aufgeben".

Wenn ich mir die Schlauch- und Kabelmengen des technischen Geräteparkes, die Druckregler und Drosselhähne, die blinkenden Lämpchen elektronischer Steueranlagen um manche Seewasserbecken ansehe, leuchten mir die schlaflosen Nächte der Betreiber solcher sog. perfekter, moderner oder optimaler Meeresbecken sofort ein. Da sind mir die kompakten Abschäum- und Innenfiltersy-

steme ohne irgendwelche Wasserschläuche mit allenfalls 3 bis 4 elektrischen Zuleitungen um einiges lieber, da sicherer.
Kurz nach Erscheinen des Bandes über die achtstrahligen Blumentiere erkundigten sich einige Seewasseraquarianer nach der Herstellung des „Kalkwassers“. Ich will deshalb hier nochmals ein Verfahren darstellen, wie es nach meinen Anweisungen in „Niedere Tiere im tropischen Seewasseraquarium“, Band I und II, inzwischen von Hunderten interessierter Aquarianer mit bestem Erfolg angewandt wird.
Das Kalkwasser benötigen wir, um die Verluste an Calcium-Ionen, die in den eng begrenzten Verhältnissen eines noch so großen Meerwasserbeckens ständig auftreten, auszugleichen. Vor allem die Blumentiere, die ein mehr oder weniger kompliziertes Skelett aus Calciumcarbonat aufbauen, dann aber auch die beliebten Kalkrotalgen und natürlich die nitrifizierenden Bakterien verbrauchen den im Wasser gelösten Kalk ständig. Zum Wachstum der Steinkorallen und anderer Blumentiere unerläßlich, muß dieser Kalk in irgendeiner Form dem Aquarienwasser wieder zugeführt werden. So entwickelte ich schon 1970 eine Methode, mittels gesättigter Calciumhydroxid-Lösungen den Verlust an Calcium-Ionen und eine damit verbundene Störung des sog. Ionen-Antagonismus zu verhindern.
Hier nun ein praktisches und preiswertes Verfahren: Ein etwa 5, bei sehr großen Aquarien über 500 l auch 10 Liter fassender Kunststoffbehälter mit weitem Verschluß (ideal sind die Camping-Trinkwasserkanister) wird mit 20 bis 100 Gramm Calciumhydroxid reinst (Chemikalienbezeichnung Calcium hydricum purum pulvis) in Pulverform und mit 4 bis 8 Litern Leitungswasser gefüllt und gut umgeschüttelt. Die milchige Brühe setzt sich nach einigen Stunden ab und am Boden des Behälters verbleibt eine lockere Schicht aus Calciumhydroxid. Das klare, überstehende Wasser wird nun vorsichtig abgegossen, ohne den Bodensatz stark aufzuwirbeln. Dieses allenfalls noch ganz leicht milchige Wasser ist nun unser Kalkwasser.
Wir geben es in das Aquarium in kleinen Schüben, so daß es sofort gut verteilt wird, wobei wir eventuell mit der Hand kräftig alles umrühren. Danach messen wir den pH-Wert, der 8,6 nicht übersteigen darf. Wir merken uns die Menge an Kalkwasser, die wir ohne zu starken pH-Wert-Anstieg ins Aquarium geben dürfen. Diese Menge können wir dann jederzeit z. B. auch beim Auffüllen verdunsteten Wassers anwenden.
Den Kanister füllen wir wieder mit Leitungswasser auf, schütteln alles wieder gut um und lassen die Brühe absetzen. Wichtig ist, den Behälter nach jeder Entnahme und jeder Auffüllung gut zu verschließen, damit zu dem Kalkwasser nicht allzu viel CO_2 aus der Luft tritt. Das Kohlendioxid, das von der stark alkalischen Calciumhydroxid-Lösung sozusagen aufgesogen wird, würde unser Kalkwasser, besonders den Bodensatz, allmählich in unwirksames Calciumcarbonat, das nur äußerst wenig löslich ist, überführen.

Für die Zugabe des Kalkwassers sind automatische Auffüllanlagen, die bei größeren, nicht abgedeckten Aquarien das verdunstete Wasser ergänzen, besonders gut geeignet. Mit diesen Geräten werden immer nur kleinste Mengen der Calciumhydroxidlösung ins Aquarium gepumpt, was zu einer idealen Stabilisierung im Calciumgehalt führt.
Neben Calcium benötigen besonders die riffbildenden Steinkorallen, aber auch die Kalkrotalgen Strontium. Damit wird die Kristallform Aragonit des Calciumcarbonats aufgebaut und stabilisiert. Dieses Element geben die Aquarianer neben einigen wenigen anderen lebensnotwendigen wie Molybdän, organisch gebundenes Eisen, organisch gebundenes Jod u. a. seit 10 Jahren mit der von mir entwickelten Wirkstofflösung „CombiSan“ zu. Damit kann auch sehr oft die Ausbleichung mancher Scheiben- und Krustenanemonen und die Ablösung einiger Riffkorallen von ihrem Skelett zuverlässig verhindert werden. CombiSan gibt man am besten tropfenweise zu, um zu verhindern, daß ein Zuviel eventuell das Wachstum der Fadenalgen fördert, die natürlich in etwa die gleichen Wirkstoffe benötigen wie die symbiotischen Algen in den Blumentieren.
Viele Aquarianer mit wunderschönen Blumentier-Aquarien benutzen wie ich Vitaminlösungen zur Gesunderhaltung der Tiere. Dabei sollte man jedoch die speziell für Tiere entwickelten Multivitamin-Lösungen wählen und nicht die in der Humanmedizin verwandten. Eine recht gute wasserlösliche Vitaminkombination für Tiere entwickelte die Firma Vetyl-Chemie; sie benutze ich seit wenigen Jahren. Da alle guten Vitaminlösungen bei direkter Zugabe ins Wasser die Grenzflächenspannung zur Luft verändern, erzeugt der Entschäumer oft große Mengen dünnflüssigen Schaumes. Wir geben daher die Vitaminkombinationen grundsätzlich ins Futter. Dazu genügen einige wenige Tropfen auf Trockenfutter oder gefriergetrocknete Nahrung. Ein bis höchstens zwei Mal pro Woche wird die übliche Futtermenge künstlich nachvitaminisiert. Man hüte sich vor einem Zuviel und verfahre gerade hier nie nach dem Motto: „Viel hilft viel.“ Über die Wirksamkeit der Vitamine wissen wir fast nichts, und so mancher Aquarianer hält sie für unsinnig. Aufgrund langjähriger Beobachtungen an den unterschiedlichsten Wirbellosen und Fischen kann ich jedoch immer wieder nur feststellen: Vorsichtig angewandt helfen die Vitamine mit, unerklärliche Mangelerscheinungen bei den Tieren zu verhindern. Vielleicht ist dies alles nur wie ein „Placebo“, eine Pille also, die keinerlei wirklich wirksame Substanzen enthält, dem, der daran glaubt, aber Schmerzen und/oder Mangelerscheinungen beseitigen hilft. Wie dem auch sei, solange ich mangels langwieriger Vergleichsversuche auf diesem Gebiet keine exakten Daten ermitteln kann, werde ich die sehr vorsichtige Vitaminisierung der Nahrung meiner Blumentiere fortsetzen und mich an deren Lebenskraft, Farb- und Vermehrungsfreude sowie teils fantastischen Haltbarkeit im Kleinlebensraum Riffaquarium erfreuen.
Zum Schluß dieses Kapitels möchte ich noch kurz auf den Siedlungsgrund der Tiere zu sprechen kommen. Allen diesen hochinteressanten Lebewesen biete

man im Aquarium, wenn irgend möglich, kalkhaltige Substrate, also totes und lebendes Riffgestein, durchlöchertes, spaltenreiches Kalkgestein unterschiedlichster Herkunft sowie gut gesäuberte, nicht stark verzweigte Dekorationskorallen. Nicht geeignet sind Lava- und Bimstuffe und alle sauren Gesteine wie Granit, Quarz und deren vielfältige Mischformen. Kunstgestein verwende man möglichst nicht, da man nie weiß, was es im Seewasser abgeben kann. Das gilt auch für viele Plastiksubstanzen, Isolierschäume und dergleichen mehr, die immer wieder zu unerklärlichen Pannen führen. Bei den Filteranlagen vermeide man auch lange Rohrverbindungen aus Kunststoff oder Plastikschläuche, die oft noch stechend nach Chemikalien „duften".
Im Zweifelsfall tauche man alle Plastikmaterialien in kochend heißes Wasser. Stellt man dann auch nur irgendeinen Geruch fest, setze man sie nicht ein. Im übrigen gilt heute mehr noch als vor fast 20 Jahren, als ich schon in Band I „Niedere Tiere im tropischen Seewasseraquarium" auf die Gefahren verschiedener Plastikmaterielien hinwies: So wenig Plastik wie möglich!
Einwandfrei sind nach allen Erfahrungen der letzten Jahre klares, nicht eingefärbtes Plexiglas, sowie wohl alle Kunststoffe, die in Behältern verwandt werden, die der Lagerung und dem Transport flüssiger Lebensmittel wie Milch, Bier oder Wein usw. dienen.
Ausdrücklich warnen möchte ich vor Umwälzpumpen, die seit einiger Zeit im Handel erscheinen, und aus gewöhnlichen Heizwasserumwälzpumpen hergestellt wurden. Die wegen ihrer Leistungsstärke (bis 4 000 l Umwälzung pro Stunde) und ihrer Geräuschlosigkeit von einigen Aquarianern in großen Becken eingesetzten Pumpen haben sich in Blumentier-Aquarien als wahre Giftschleudern erwiesen. So konnte ich bei einigen Pannen mit diesem Umwälzpumpen Chrom-, Nickel- und Kupferkonzentrationen im Seewasser ermitteln, die 10- bis 100fach höher waren als im frisch angesetzten, künstlichen Meerwasser, von natürlichem ganz zu schweigen. Alle Dauerläuferpumpen mit metallischen Turbinen in metallischen Getrieben sind für Seewasseraquarien völlig ungeeignet, vergiften sie das Wasser doch allmählich mit Metallen. Grundsätzlich sollten nur Pumpen mit bewährten Kunststoffturbinen verwandt werden. Unschädlich sind auch die dünnen Achsen der einzelnen Fabrikate, die aus V-Stählen bestehen. Wie herrlich Riffaquarien mit guter Abschäumung ohne alberne große Rieselfilter, aber mit guter Umwälzung und ausgeklügelter Beleuchtung stehen können, mögen die Bilder 7 und 8 verdeutlichen. Besonders das Aquarium von D. Stüber, das mit seinen herrlichen Acropora-Korallen und vielen anderen Blumentieren eine Augenweide ist, soll als Beispiel herrlicher „Miniriffe" stehen, die ich in den letzten 10 Jahren überall in den Niederlanden, Belgien, Frankreich, Deutschland, Österreich und der Schweiz bewundern durfte. Kein einziges der wunderschönen Becken wies ein nitrat- und phosphatproduzierendes mit bunten Plastikbällen gefülltes Tropfkörpersystem auf, das heute kaum noch in der biologischen Abwasserreinigung verwandt wird.

Bild 1: Riffwatt mit Ebbetümpeln bei Tiefstebbe.

Bild 2: Sternkoralle der Gattung *Favia* bei Tiefstebbe.

Sechsstrahlige Blumentiere

Die sechsstrahligen Blumentiere der Unterklasse *Zoantharia,* früher *Hexacorallia,* unterscheiden sich schon äußerlich von den achtstrahligen *Octocorallia* des ersten Bandes. Ihre Polypen besitzen 6 Fangarme oder ein Vielfaches davon, nie aber 8. Die Tentakeln selbst sind bis auf wenige Ausnahmen nicht gefiedert, manchmal jedoch bei einigen Scheibenanemonen und Aktinien in büschelartige Enden gespalten. Ansonsten besitzen auch die Polypen dieser Unterklasse ein sackartiges Aussehen. Der Körper wird wieder aus zwei Zellschichten, dem äußeren Ektoderm und dem inneren Entoderm gebildet, die eine mehr oder minder dicke Mittelschicht Mesoglöa umschließen, die von gallertiger Konsistenz ist und Nervenzellen enthält. Letztere sind in einem diffusen Netz miteinander verknüpft.

Der Hohlraum der Tiere (Hohltiere!), der Gastral- oder Magenraum wird von 6 Paar Falten oder Septen in einzelne Abschnitte unterteilt. Bei den Steinkorallen, die ein festes Skelett aus Calciumcarbonat aufbauen, werden diesen Gastralsepten entsprechende Kalksepten ausgebildet, die, da im Verlaufe der Skelett-Entwicklung weitere kalkige Trennwände abgeschieden werden, Kalksepten erster Ordnung genannt werden.

Der runde, oft spaltartige Mund auf der Oberseite (Tentakelscheibe) der Polypen setzt sich in einen ähnlich geformten Schlund fort, der mit ein oder zwei Rinnen von mikroskopisch kleinen Schlagwimpern oder Cilien ausgestattet ist. Diese dienen zum einen dem Wasseraustausch zwischen Gastralraum und Meer, zum anderen werden aber auch feinste Nahrungspartikel in den Hohlraum gestrudelt.

Wer sich für Einzelheiten im Aufbau der Blumentiere näher interessiert, suche sich im Literaturverzeichnis die entsprechenden Abhandlungen heraus.

Die sechsstrahligen Blumentiere sind in der Mehrzahl wohl Zwitter, d. h. das gleiche Lebewesen produziert sowohl Ei- wie Samenzellen. Selbstbefruchtung kommt jedoch selten vor, so daß die Samenzellen eines Polypen die Eizellen eines zweiten der gleichen Art befruchten und umgekehrt, zumal die Reifung beider Geschlechtsprodukte nie gleichzeitig stattfindet. Die Eizellen werden im Gastralraum befruchtet und entwickeln sich dort auch zu bewimperten Larven, den sog. Planula. Die Bilder 9 und 10 zeigen uns die Eier und eine voll entwikkelte Planula der beliebten Kelchkoralle *Tubastrea coccinea,* die sich im Aquarium häufig geschlechtlich fortpflanzt und Larven ausstößt, aus denen sich neue Korallenpolypen entwickeln.

Die ungeschlechtliche oder asexuelle Vermehrung geschieht bei Steinkorallen und Krustenanemonen durch Knospung, bei der außerhalb des Tentakelkranzes winzige Sekundärpolypen meist an der Basis erzeugt werden. Steinkorallen und Scheibenanemonen können sich auch durch Längsteilung durch die Mund-

scheibe und den Stamm vermehren. Bei Scheibenanemonen gibt es außerdem noch, wie bei manchen Anemonen, die sog. Lazeration, bei der Teile von der Fußscheibe her abgeschnürt und so Sekundär- oder Tochterpolypen entwickelt werden.
Die unterschiedliche ungeschlechtliche Vermehrung führt regelmäßig zu mehr oder minder großen Tierstöcken, die besonders bei den Steinkorallen sehr umfangreich werden können. Kolonien, die mehrere 1 000 Einzelindividuen umfassen, sind daher bei den *Scleractinia* nicht selten.
Für den Seewasseraquarianer wichtig sind die sehr unterschiedlichen Formen der Ernährung.
Alle sechsstrahligen Blumentiere sind, wie ihre achtstrahligen Verwandten auch, zuerst einmal reine Fleischfresser, die sich ausschließlich von tierischen Beuteorganismen unterschiedlicher Größe ernähren. Mit pflanzlicher Nahrung können sie überhaupt nichts anfangen. Es ist daher sinnlos und führt nur zu unnötiger Wasserverschmutzung, wenn ihnen künstliches Ersatzplankton gereicht wird, das heute aus Kostengründen vielfach mit Algenmehl durchsetzt ist. Der Aquarianer wähle für diese Tiere ausschließlich „fleischliche Nahrung", tiefgefrorene Planktonorganismen aus Süß- und Meerwasser, gefriergetrocknetes Plankton sowie feinst zermahlenes Krabben- und Fischfleisch.
Die zweite und eine sehr wichtige Nahrungsquelle sind im Wasser gelöste organische Stoffe, wobei vor allem verschiedene Aminosäuren, also Bausteine der Eiweiße, aufgenommen werden. Diese stammen im Aquarium vor allem aus tiefgefrorenem Futter, dessen Plasma-Eiweiß sehr schnell in kolloidale Lösung geht. Wie ich ausmessen konnte, gibt es selbst bei hervorragender Entschäumung im Aquariumwasser immer noch weitaus mehr gelöste Aminosäuren als im Riffwasser, da bei jeder Fütterung der Fische, Garnelen oder Seesterne z. B. mit *Mysis* reichlich Plasma-Eiweiß ins Wasser gelangt. Diese organischen Substanzen werden osmotisch über die gesamte Körperoberfläche des Polypen aufgenommen und verwertet. Eine dritte Futterquelle stellen Bakterien und mikroskopisch kleine im Wasser treibende Partikel tierischer Herkunft dar. Sie werden von Unmengen feinster Wimperborsten auf der Oberfläche der Polypen zum Mund transportiert, nachdem sie in einem dünnen Schleimfilm festgehalten wurden. Diese Art des Nahrungserwerbs ist vor allem für Steinkorallen und die Scheibenanemonen ohne Tentakeln wichtig.
Schließlich können wir als vierte Form der zum Leben nötigen Energiegewinnung die Symbiose mit den einzelligen Algen (Bild 11) wieder erwähnen, die bei so vielen Blumentieren des äußerst nährstoff- und nahrungsarmen Riffwassers so überragend wichtig ist.
Bei diesem Zusammenleben auf gegenseitigem Vorteil produzieren die einzelligen Algen wie alle grünen Pflanzen unserer Erde, sehr vereinfacht ausgedrückt, aus Kohlendioxid, Wasser und Nährsalzen alle für das Leben auf unserem Planeten wichtigen Stoffe.

Bild 3: Riffkante mit verschiedenen Steinkorallen und Fahnenbarschen.

Bild 4: Riffhang mit Stein- und Feuerkorallen.

Bild 5: Außenriff mit mächtigen *Acropora-* und *Porites*korallen.

Bild 6: Vorriff im Übergang zur Geröllzone.

Einen Teil dieser Substanzen geben die Algen an ihren Wirt, das Blumentier, weiter. Im Austausch dafür erhalten sie die Stoffwechselendprodukte der Polypen, also Kohlendioxid sowie stickstoff- und phosphorhaltige Verbindungen. Der große Stoffkreislauf, der in der Natur über so viele verwickelte Stufen abläuft und als drei große Glieder die Pflanzen, Tiere und Bakterien (Produzenten, Konsumenten und Destruenten) aufweist, ist in der Endosymbiose der Blumentiere mit ihren pflanzlichen Bewohnern auf wunderbare Weise kurzgeschlossen und ein Beispiel perfekten „Recyclings".
Die Zooxanthellen, wahrscheinlich in allen Blumentieren, die sie beherbergen, die gleiche Art *Symbiodinium (Gymnodinium) microadriaticum,* vermehren sich im Schutz des Polypengewebes je nach Lichtstärke und Nahrungsangebot oft ungeheuer. Besonders in den trotz bester Abschäumung immer noch viel nährstoffreicheren Aquarienwässern gedeihen die Algen gut, solange Nitrat- und Phosphatwerte nicht weit über 10 bzw. 0,5 ppm liegen. Bei höheren Werten können die einzelligen Algen in manchen Blumentieren, vor allem Steinkorallen und Scheibenanemonen, degenerieren, wie wir das ja auch von bestimmten Landpflanzen kennen, wenn sie überdüngt werden.
Bei der Entwicklung und ständigen Verbesserung meiner Wirkstofflösung CombiSan, die ich immer wieder auch an den Algensymbionten erprobte, stellte ich zu meiner großen Überraschung fest, daß die Zooxanthellen keineswegs immer die gleichen Assimilationspigmente, überwiegend Chlorophylle, in den Chloroplasten bilden. So werden zur Ausnutzung unterschiedlicher Lichtverhältnisse und spektraler Verteilung neben den grünen Blattfarbstoffen auch vor allem Carotinoide produziert, die z. B. das Grün- und Blaulicht in größeren Tiefen besser ausnützen. Noch erstaunter war ich, daß verschiedene sog. akzessorische Assimilationspigmente ähnlich den UV-Schutzstoffen der Flachwasserbewohner die Färbung des Polypengewebes wesentlich mitbestimmen. So fand ich endlich eine Erklärung für die große Zahl bunt gefärbter Scheiben- und Krustenanemonen und einiger weniger riffbildender Steinkorallen. Gerade der orange bis rote Farbanteil einiger Blumentiere mit symbiotischen Algen ist auf einen nicht geringen Anteil an Carotinoiden – sie bestimmen z. B. die rote Färbung von Tomaten oder Karotten – zurückzuführen.
Werden nun Blumentiere, deren Färbung durch diese Fotosynthese-Pigmente hervorgerufen wurde, Tiefen- oder Schattenformen also, im Aquarium einer stärkeren Beleuchtung ausgesetzt, die zudem einen höheren Rotanteil im Spektrum aufweist, so werden verstärkt Chlorophylle entwickelt, die dann die rötliche Färbung der Tiere in Beige-Oliv überlagern. Ist die Beleuchtung z. B. mit Halogen-Metalldampf-Strahlern für die „Schattentiere" zu stark, produzieren die einzelligen Algen so viel Sauerstoff, daß die Lebewesen regelrecht vergiftet werden. Manche Blumentiere, die Blasenkoralle *Plerogyra sinuosa* (Bild 35–37) ist dafür ein typisches Beispiel, schützen sich vor der übermäßigen Vermehrung ihrer pflanzlichen Mitbewohner, indem sie einen Teil der Zooxanthellen aussto-

ßen. Andere, z. B. viele bunte Scheibenanemonen, ziehen sich stark zusammen oder schrumpfen gar zu unscheinbaren Gallerthäufchen ein. Eine Sauerstoffvergiftung kann man an manchen großpolypigen Blumentieren deutlich erkennen, wenn sie unter extremen Lichtverhältnissen wie manche Wasserpflanzen sichtbare Gasbläschen auf dem Gewebe zeigen. Diese Sauerstoffvergiftung, die ich auch bei manchen Lederkorallen, vor allem bei den *Xenia*-Arten, beobachten konnte, wird mit zusätzlichem CO_2, das eventuell über einen Diffusor ins Becken gegeben wird, noch erheblich verstärkt, steht doch den Algen dann mehr von diesem Gas zur Verfügung, als im natürlichen Lebensraum je vorhanden ist. Die künstliche CO_2-Zufuhr ist auch aus diesen Gründen für das Riffaquarium abzulehnen.
Im folgenden wollen wir uns nun mit den drei aquaristisch besonders interessanten Ordnungen sessiler Blumentiere, den Steinkorallen, Scheiben- und Krustenanemonen beschäftigen.
Da die systematische Einteilung dieser Tiere und damit auch ihre wissenschaftlichen Namen bis heute nicht eindeutig festgelegt sind, müssen alle Gattungs- und Artnamen mit Vorsicht betrachtet werden. Nur wenige sind gut belegbar. Vor allem die vielen beschriebenen Steinkorallen, mehr als 2 000 Arten, werden kaum alle als echte Arten bestehen bleiben. Zu vielfältig sind die allein durch Strömung, Licht, Temperatur, Trübung und andere Faktoren verursachten unterschiedlichen Wuchsformen der Riffbildner, die zu vielen Mehrfachbeschreibungen der gleichen Art führten. Bei den Scheibenanemonen, über die es kaum Literatur gibt, habe ich mir zur Klassifizierung erlaubt, Artnamen nach ihrer Färbung und Gestalt zu bilden, um sie ein wenig besser beschreiben zu können.

Ordnung: *Scleractinia (Madreporaria)* Steinkorallen

Die Steinkorallen, vor allem die riffbildenden Arten, die als hermatypisch bezeichnet werden, haben den Menschen schon seit Jahrhunderten in ihren Bann gezogen. Die Baumeister, die wie kein zweites Lebewesen unseres Planeten, die Oberfläche der Erde seit Jahrmillionen mitgestalten, gehören auch im Aquarium zu den faszinierensten Blumentieren. So ist es nicht verwunderlich, daß mit der heutigen Technik immer mehr Seewasseraquarianer versuchen, auch empfindlichste Riffbildner in ihren Becken zu pflegen und zu vermehren.
Den Durchbruch in der Steinkorallenpflege schafften zwei Neuerungen aquaristischer Technik, die neben den Abschäumern zu großartigen Erfolgen führten, die Halogen-Metalldampflampen und das von mir entwickelte Verfahren, dem Aquarium die wichtigen Calciumverbindungen über das Kalkwasser zuzuführen.
Wie wir inzwischen aus langjährigen Beobachtungen und unzähligen Messungen unter Laborbedingungen wissen, ist ein gleichbleibend hoher Gehalt an Cal-

Bild 7: Riffaquarium mit verschiedenen Steinkorallen.

Bild 8: Riffaquarium mit verschiedenen Blumentieren.

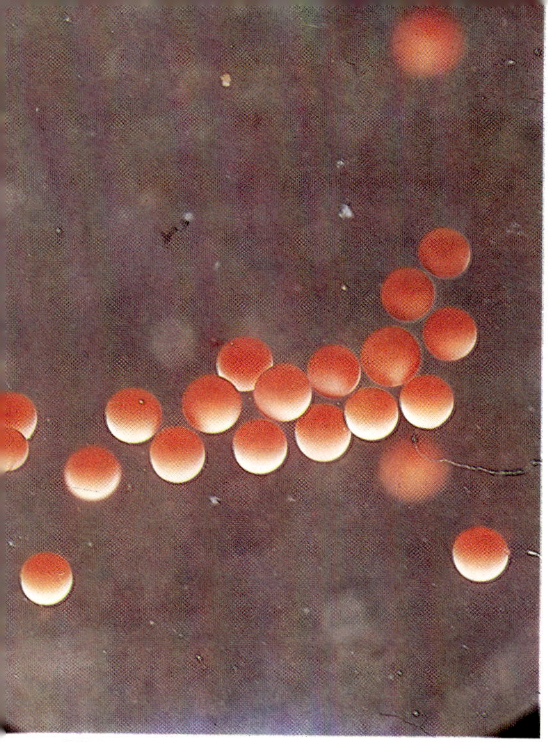

Bild 9: Eier der Kelchkoralle *Tubastraea coccinea.*

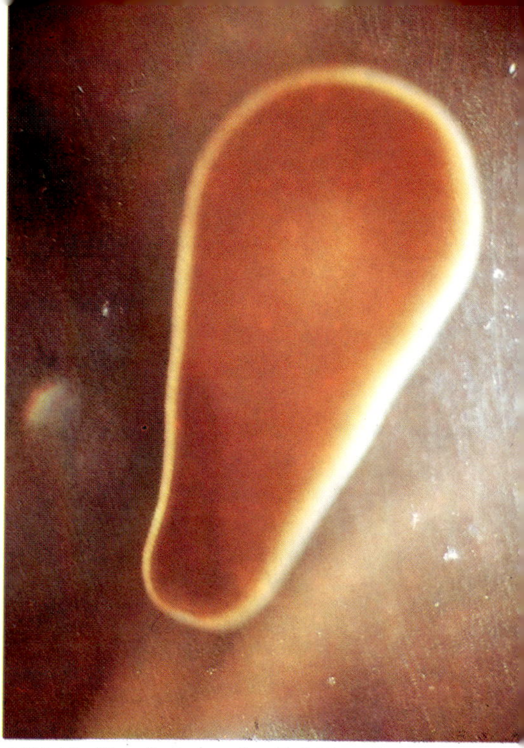

Bild 10: *Planula*-Larve der Kelchkoralle *Tubastraea coccinea.*

Bild 11: Symbiotische Algen Zooxanthellen.

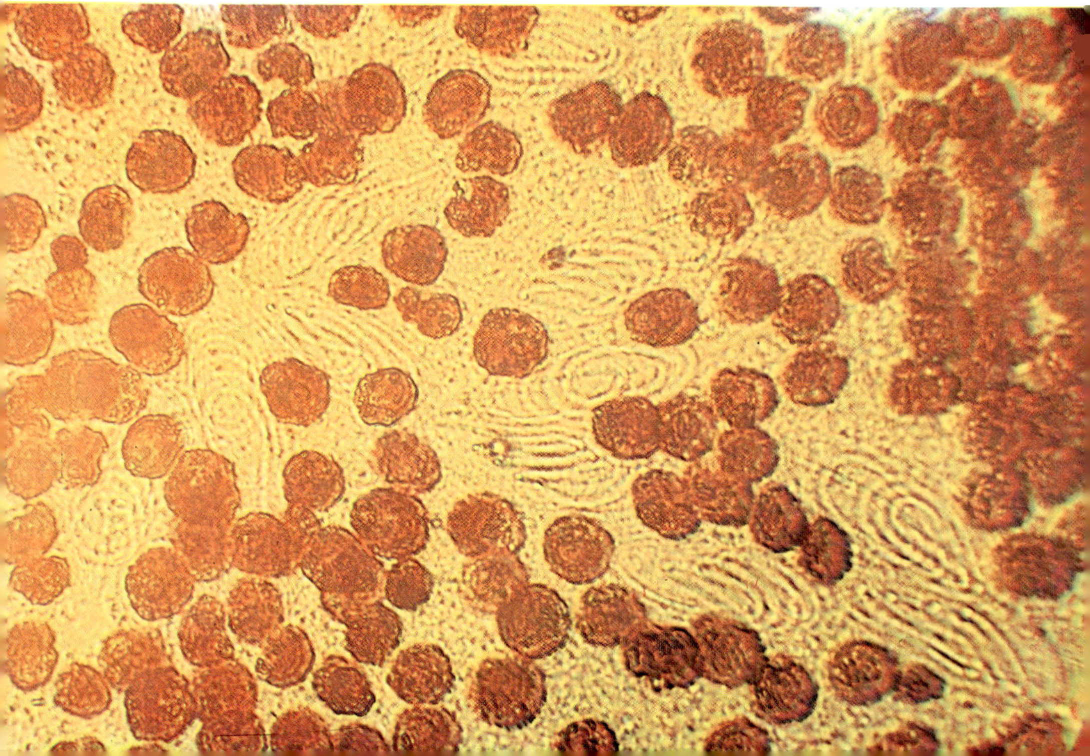

cium-Ionen für die Steinkorallen im Aquarium noch wichtiger als für alle anderen Blumentiere. Die Kalksynthese und der Aufbau des Korallenskelettes gelingt den Riffbildnern im Aquarium nur, wenn die ständig verbrauchten Calcium-Ionen möglichst gleich- und regelmäßig ersetzt werden. Der zweite Ausgangsstoff, das Kohlendioxid CO_2, ist im Aquariumwasser immer in ausreichenden Mengen vorhanden, solange das Becken nicht von verschiedenen höheren Meeresalgen durchwuchert wird. Das Kohlendioxid stammt im wesentlichen aus der Atmung der Tiere und den Abbauprozessen der Bakterien. Wie im Meer durch die Brandung und Wellenbewegung wird auch im Aquarium durch die intensive Belüftung im Entschäumer ein hervorragendes Gleichgewicht zwischen diesem Gas und dem Wasser hergestellt. Wie schon erwähnt, nimmt das alkalische Meerwasser aus der Luft ständig CO_2 in geringen Mengen auf. Bei regelmäßiger Kalkwasserzugabe läßt sich nun sehr schön ausmessen, daß in unseren Aquarien immer eine ausreichende Menge an Calciumhydrogencarbonaten und kleinste Konzentrationen an gelösten Calciumcarbonaten vorhanden sind. Wird aus dem Reaktionssystem der Calcium-Ionen und der Kohlensäure bzw. dem Kohlendioxid letzteres durch die Fotosynthese der Zooxanthellen entfernt, fällt den Steinkorallen erheblich mehr Kalk zur Skelettbildung zu, als dies z. B. bei den nichtriffbildenden, den ahermatypischen Korallen der Fall ist. H. Schuhmacher spricht daher zu Recht bei den Zooxanthellen von einer „Pumpe", die laufend CO_2 absaugt, das in der Fotosynthese oder Assimilation verbraucht wird. Die Kalkbildungsrate steigt daher nach H. Schuhmacher auf einen Wert, der zehnmal höher ist als bei ahermatypischen Steinkorallen, also jenen ohne die einzelligen Symbiosealgen.

Während der Dunkelperiode, also in der Nacht, wird von den Zooxanthellen natürlich kein Kohlendioxid benötigt, im Gegenteil, sie produzieren wie alle tierischen Lebewesen und die Bakterien während der Veratmung der in der Lichtperiode gebildeten organischen Substanzen wieder CO_2.

Die Zooxanthellen haben nach neuerer Forschung noch eine zweite wichtige Aufgabe bei der Kalksynthese zu erfüllen. Die Phosphate, die ja wie die Nitrate als Endprodukte komplizierter Stoffwechsel- und Abbau-Prozesse sich allmählich anhäufen, werden von den Symbiose-Algen ebenfalls „abgesaugt", d. h. in den Aufbau organischer Substanzen mit einbezogen. Dadurch verhindern die pflanzlichen Mitbewohner der riffbildenden Steinkorallen, daß die Phosphate in einer chemischen Reaktion die Calciumcarbonate, die als Aragonit gebildet wurden, in Kalkspat oder Calcit umgewandelt werden. Würde dies stattfinden, könnte der Korallenpolyp in Zusammenarbeit mit den Zooxanthellen das Aragonit gar nicht so schnell abscheiden, wie es zum Überleben nötig ist.

Weitere Einzelheiten über die aquaristischen Ansprüche verschiedener Riffkorallen bringt der folgende Bildteil. Bei den einzelnen Arten hätte ich mich gern an die zur Zeit gültige Familiezugehörigkeit gehalten. Dies war wegen des unterschiedlichen Bildmaterials leider nicht möglich.

Porenkorallen *Porites* Link (Bild 12)

Porenkorallen aus der Gattung *Porites* werden gezielt nur als sog. Colour Stones mit den bunten Kalkröhrenwürmern *Spirobranchus giganteus* eingeführt. Noch vor wenigen Jahren gelangten die Steinkorallen mit den farbprächtigen Würmern meist abgestorben zu uns. Aufgrund erheblich verbesserter Transportbedingungen erhalten wir heute aber regelmäßig fast unverletzte Korallenstöcke, die im fadenalgenfreien Riffbecken unter HQI-Licht hervorragend gedeihen und sehr langsam auch weiterwachsen.
Bei regelmäßiger Kalkwasserzugabe regenerieren die *Porites*-Korallen auch verletztes Polypengewebe, manchmal werden die Bruchkanten des toten Korallenskeletts von neuem Polypengewebe überwachsen.
Die Steinkoralle mit den Kalkröhrenwürmern findet sich im gesamten indopazifischen Raum oft schon auf der Riffplatte im ganz flachen Wasser. Wunderschöne Kolonien entdeckte ich in der zentralen Java-See und an der Ostküste Malaysias.
Nach langjährigen Beobachtungen konnte ich immer wieder feststellen, daß sich die Kalkröhrenwürmer sehr schön erholen und wachsen, solange die Steinkoralle lebt. Stirbt das Polypengewebe ab, degenerieren oft auch die Meereswürmer.
Die *Porites*-Koralle liebt im Becken eine mäßige bis zeitweise starke Wasserbewegung. Eine gezielte Fütterung ist nicht möglich, da selbst feinstes Ersatzplankton eingeschleimt und abgestoßen wird. Im Aquarium ernährt sich die Koralle vorwiegend über ihre symbiotischen Algen. Die Kalkröhrenwürmer werden oft von Garnelen gefressen. Man verzichte auf sie, wie auf die Aufwuchsfresser unter den Fischen.

Blumenkohl-Steinkorallen *Pocillopora* Lamarck (Bild 13)

Pocillopora-Steinkorallen finden sich im gesamten Indo-Pazifik und Roten Meer im Flachwasser und oberen Riffbereich. Das Polypengewebe der stärkster Sonneneinstrahlung ausgesetzter Arten ist oft durch UV-Schutzstoffe leuchtend grün, türkis oder rosa gefärbt. Nur selten gelangen unverletzte Stöcke in den Handel, so daß es noch wenig Erfahrung mit dieser Steinkoralle gibt.
Im Aquarium plaziert man *Pocillopora*-Arten ca. 5 bis 10 cm von der Wasseroberfläche entfernt direkt unter HQI-Licht. Äußerst fein zerriebenes tierisches Plankton, vor allem auch tief gefrorene Bosmiden gebe man nach Abschaltung der Beleuchtung ins Becken. Diese Koralle gedeiht ohne Kalkwasser nicht. Eine mäßige bis stundenweise starke Wasserbewegung benötigt *Pocillopora* unbedingt zum Gedeihen, wie auch sauberes, gut abgeschäumtes Seewasser. Gelingt es, einen unverletzten Tierstock zu erhalten, verzichte man unbedingt auf Garnelen, Doktor- und Zwergkaiserfische.

Bild 12: Porenkoralle *Porites* mit Kalkröhrenwürmern.

Bild 13: Blumenkohl-Steinkoralle *Pocillopora* spec.

Bild 14: Zweigkoralle der Gattung *Acropora*.

Bild 15: Zweigkoralle *Acropora* im Aquarium gewachsen.

Finger- und Zweigkorallen *Acropora* Oken (Bild 14 und 15)

Die als Dekorationskorallen weithin bekannten Tierstöcke der *Acropora* werden seit wenigen Jahren von einigen Aquarianern mit erstaunlichem Erfolg gepflegt. So gelang es Dieter Stüber seit ca. 6 Jahren sein Riffaquarium mit der im Bild vorgestellten *Acropora*-Art *(humilis?)* regelrecht durchwuchern zu lassen. Aus einem ursprünglich etwa 6 cm hohen Tierstock „züchtet" er *Acropora*-Kolonien mit Zweigen bis zu 20 cm Länge und mehr. Die Stammkolonie ist an der Basis schon rund 5 cm dick. Jeder abgebrochene Zweig entwickelt neue Stöcke mit einem durchschnittlichen Wachstum von 10 bis 15 cm pro Jahr.
Nicht selten tropft von den Zweigspitzen Polypengewebe auf das kalkige Dekorationssubstrat. Dort entwickeln sich ebenfalls neue „Minikolonien". Lederkorallen und Krustenanemonen werden dabei von dieser raschwüchsigen Art zurückgedrängt und müssen entfernt werden. Auch andere Steinkorallen *Montipora*- und *Echinopora*-Krusten werden von der *Acropora* geschädigt. Scheibenanemonen der Gattung *Actinodiscus* jedoch „vernesseln" ihrerseits diese herrliche Steinkoralle.
Hervorragend abgeschäumtes Meerwasser, regelmäßige Kalkwasser-Zugabe sowie HQI-Licht sind für diese Pflegeerfolge unerläßlich. Ein Rieselfilter, der nach der Modewelle der letzten Jahre zusätzlich eingebaut wurde, mußte wieder entfernt werden, da er keine Vorteile brachte, sondern lediglich zu einem unerwünschten Nitratanstieg führte.
Die *Acropora* benötigen auch im Aquarium sehr wenig Futter. Zweimal pro Woche wird tiefgefrorenes und gefriergetrocknetes Ersatzplankton sowie fein zerriebenes Flockenfutter gereicht. So bezieht die Koralle ihre Lebensenergie hauptsächlich aus im Wasser gelösten organischen Substanzen sowie über die Symbiose mit den Zooxanthellen.
Wichtig ist, daß der Nitratgehalt nicht über 1 ppm ansteigt, was über biologische Denitrifikation und die Fülle weiterer Blumentiere mit Algensymbionten erreicht wird.
Die *Acropora*-Koralle, die inzwischen in einigen anderen Aquarien ebenfalls gut gedeiht, scheint gegenüber freibeweglichen Wirbellosen und den Kleinfischen, die mit ihr zusammengepflegt werden, überhaupt nicht empfindlich zu sein. Weder ein gelber Segelseebader *Zebrasoma flavescens,* noch verschiedene kleine Einsiedlerkrebse und Putzergarnelen *Hippolysmata grabhami* beeinträchtigen die Kolonien.
Acropora-Korallen benötigen ihrem natürlichen Lebensraum, dem oberen und mittleren Riffbereich zufolge eine kräftige Wasserbewegung. Die Zweige entwickeln sich im wesentlichen der Hauptströmungsrichtung nach. Sie stellen ihr Wachstum erst ein, wenn sie sich anderen, stärker nesselnden Blumentieren nähern. Wichtig ist natürlich auch für diese Koralle, daß keine Fadenalgen im Aquarium wuchern.

Blumenkoralle *Alveopora* Blainville (Bild 16)

Die Blumenkorallen der Gattung *Alveopora* sehen den Margueriten- oder Anemonenkorallen der Gattung *Goniopora* sehr ähnlich, werden jedoch viel seltener importiert. Diese hübsche Steinkoralle fand ich vor allem in der Straße von Malacca auf Korallenschutt und Grobgeröll im Vorriffbereich, in dem auch *Goniopora*-Arten häufig vertreten sind.

Im Aquarium ist diese Art viel ausdauernder als die bekannteren *Goniopora*-Arten. Schon unter Leuchtstoffröhren (Osram Daylight Lichtfarbe 19 je 3, Philips TL 18 je 2) konnte ich die *Alveopora* 4 Jahre bis zur Auflösung meines Riffaquariums pflegen. Unter HQI-Licht in einer Wassertiefe ab ca. 20 bis 25 cm gedeiht sie noch besser.

Die Koralle liebt eine ständige schwache bis mäßige und nur kurzfristig stärkere Wasserbewegung. Gefüttert wird mit feinstem Ersatzplankton zweimal wöchentlich. Nitratwerte über 5 ppm werden nicht vertragen.

Da die *Alveopora* bei jeder Belästigung ihre Polypen sofort einzieht, halte man sie mit nur ganz wenigen kleinen Fischen. Vor allem sollte man auf größere Doktorfische, Zwergkaiser und Garnelen verzichten. Lederkorallen und die meisten Krustenanemonen sind gut geeignet, Scheibenanemonen und stark nesselnde Steinkorallen (*Euphyllia*- und *Plerogyra*-Arten) dagegen können in Becken unter 300 l zu Schäden führen.

Buschkorallen *Seriatopora* Lamarck (Bild 17)

Immer wieder gelingt es Aquarianern mit gut eingefahrenen Riffbecken hermatypische Steinkorallen aus ursprünglich unscheinbaren Resten zu prächtigen Tierstöcken heranzuziehen.

Auch diese im Bild vorgestellte *Seriatopora*-Art *(caliendrum?)* sah ich erstmalig bei D. Stüber, wo sie sich im Laufe der Jahre prächtig entwickelte. Bei dieser Koralle konnte ich sehr schöne Wachstumsstadien verfolgen, hatte sich der Tierstock doch mit Planula-Larven vermehrt, die sich im Aquarium zu kleinen Kolonien entwickelten.

Während die Mutterkolonie leicht abgeschattet unter der schon vorgestellten *Acropora* in kräftiger Wasserbewegung gedeiht und dabei eine leuchtend graugrüne Färbung annahm, wachsen einige „Minikolonien" in schwächerer Strömung viel verzweigter und sind hellbeige gefärbt. Auch diese *Seriatopora*-Koralle, die unter gleichen Bedingungen wie die *Acropora* gepflegt werden sollte, wird sich in Zukunft in weiteren Riffbecken finden, scheint sie doch nach den bisherigen Erfahrungen recht ausdauernd zu sein.

Wie fast alle kleinpolypigen Steinkorallen ist die *Seriatopora* empfindlich im Kontakt mit Scheibenanemonen und Cladiella-Weichkorallen. Sie selbst nesselt Sarcophytonarten und scheint sich auch gegen Xenia-Arten durchzusetzen.

Bild 16: Blumenkoralle *Alveopora* spec.

Bild 17: Buschkoralle *Seriatopora* spec. im Aquarium wachsend.

Bild 18: Margueriten-Koralle *Goniopora lobata*.

Bild 19: Margueriten-Koralle *Goniopora stokesi*.

Margueriten- oder Anemonenkorallen *Goniopora* Blainville (Bild 18 und 19)

Diese herrlichen, tagaktiven hermatypischen Steinkorallen werden seit vielen Jahren regelmäßig eingeführt. Wenig transportempfindlich entfalten die Anemonenkorallen schon bald ihre prächtigen Polypen, wenn man sie ins Becken gesetzt hat.
Vorwiegend aus den Riffen der indonesischen Inselwelt sowie den Küsten Ostmalaysias und Sri Lankas importiert, lassen sich die schönen Tierstöcke, ganz im Gegensatz zu einigen anderen Steinkorallen, selten länger als 1 bis 2 Jahre in unseren Riffbecken pflegen. Maßgebend für die geringe Haltbarkeit scheinen mir die schon beschriebenen kalkbohrenden Grünalgen der Gattung *Ostreobium* zu sein. Sie „befallen" *Goniopora*-Korallen nach allen Untersuchungen wohl stärker als andere Steinkorallen und zerstören das Kalkskelett rasch bis zur kalkabscheidenden Polypenschicht, der Matrix. Besonders rasch geschieht dies in Bekken mit Nitrat-Werten über 2 bis 3 ppm.
Die ursprünglich herrlich großen Korallenpolypen werden mit der Zeit immer kleiner und bald erscheinen am unteren Rand des Tierstocks die ersten polypenlosen, meist schon grünlich eingefärbten Kalkkelche. Nicht selten wandern auch ganze Polypengruppen vom Rand der Kolonie her ab und treiben noch wochenlang lebend im Aquarium umher, ohne jedoch ein neues Skelett auszubilden. So gelingt es selbst in hervorragend gepflegten Riffbecken nicht, diese schöne Koralle längerfristig am Leben zu erhalten.
Mich hat diese im Vergleich zu anderen Blumentieren schlechte Haltbarkeit immer gewundert, findet man gerade die hier im Bild vorgestellten Arten *Goniopora lobata* und *G. stokesi* in den Riffen doch unter recht schwierigen Umweltbedingungen. So bildet *G. lobata* auf der Riffplatte massive Kolonien, die bei Ebbe nicht selten trockenfallen. Zudem gedeiht sie noch in den stark zerstörten Riffen der Str. von Malacca in stark belastetem Wasser. Bei Ebbe oft hoher Sedimentierung ausgesetzt, die sich kurzfristig bei einsetzender Flut noch verstärkt, dauert diese Koralle aus, während sie im Aquarium unter ansich besseren Lebensbedingungen abstirbt.
Auch die prächtigen fast vollkugeligen Kolonien der *Goniopora stokesi* mit ihren 10 bis 15 cm langen Polypen sind nur wenig haltbarer. Obwohl sie im Vorriff auf sandigen Böden frei lebt und so ebenfalls nicht unter für Steinkorallen idealen Bedingungen existiert, werden ihre Polypen im Aquarium immer kleiner. Diese Koralle ist äußerst interessant, entwickeln sich doch zwischen den Einzelpolypen oft junge Kolonien, so daß man fast von einer Art Brutpflege sprechen kann.
Wer *Goniopora*-Arten dennoch pflegen möchte, halte sie unter den gleichen Bedingungen wie die bisher vorgestellten Steinkorallen. Sie lassen sich gut mit fast allen anderen lichthungrigen Blumentieren zusammensetzen, wenn man auf einen Sicherheitsabstand von ca. 10 cm achtet.

Sternkorallen *Favia* Oken (Bild 20, 21, 22 und 23)

Im Gegensatz zu den vorigen bietet uns die Gattung *Favia* einige hervorragend haltbare Riffkorallen. Die umfangreiche Familie ist in allen Riffen des Indo-Pazifik, selbst noch in weitgehend zerstörten vertreten und findet sich auch im Roten Meer und der Karibik.
Die massiv blattartigen Krusten, flachen bis halbkugeligen Polster der *Favia-* und *Favites-* Arten bilden je nach Art 0,5 bis 2 cm breite Polypen in großen Kalkkelchen. Tagsüber meist eingezogen, entfalten sie in der Regel nachts ihren vollen Tentakelkranz. Wird jedoch gefüttert oder trifft tagsüber planktonreiches Wasser im Riff auf die Tierstöcke, öffnen sich die Polypen nach wenigen Minuten. Die Korallen sind leicht zu ernähren. Tiefgefrorenes oder gefriergetrocknetes Plankton wird gierig angenommen. Im Seewasser gespülte Wasserflöhe werden genauso gern gefressen wie Schwebegarnelen Mysis. Aus diesem Grund gehörten die wenigen *Favia-*Stöcke, die vor 15 Jahren hin und wieder importiert wurden, schon damals für mich zu den haltbarsten Steinkorallen überhaupt. Zudem gediehen sie schon unter 3 bis 4 Leuchtstoffröhren recht gut.
Heute werden *Favia-*Korallen sehr viel häufiger importiert und kommen auch in besserem Zustand an. Unter HQI-Licht, an das man sie jedoch vorsichtig gewöhnen muß – man plaziere die Kolonien anfangs in die Nähe des Bodengrundes –, wachsen sie hervorragend. Die Sternkorallen des flachen und mittleren Riffbereichs bis etwa 8 m Wassertiefe (bei Flut) weisen oft in ihrem Polypengewebe UV-Schutzstoffe auf. Sie erkennt man leicht an ihrer dunkel- bis kräftig grünen, irisierenden Einfärbung. Derartige Stöcke dürfen sofort unter HQI-Licht ca. 15 bis 25 cm unter der Wasseroberfläche in der Dekoration verankert werden. Gut abgeschäumtes und von Urinfarbstoffen entgiftetes Wasser trägt wesentlich zum Wohlbefinden der Sternkorallen bei. Es gelingt ihnen dann sogar, schon abgestorbene Skeletteile mit neuem Polypengewebe zu überziehen. Dabei konnte ich beobachten, daß sogar ein leichter Aufwuchs von Fadenalgen allmählich zurückgedrängt und schließlich völlig beseitigt wurde.
Favia- und *Favites-*Korallen, vor allem die Arten *Favia speciosa, Favia favus, F. maxima* und *F. amicorum* sowie *Favites rotunda, F. chinensis* und *F. complanata* fand ich in der zentralen Javasee, an der Ostküste Malaysias sowie in der Str. von Malacca oft auf der Riffplatte in Ebbetümpeln und teils sogar trockengefallen. Selbst in völlig organisch und mineralisch verschmutzten sedimentreichen weitgehend abgestorbenen Riffbereichen, die mit Blattalgen der Gattung *Caulerpa* überwuchert waren und reiche Bestände des Brauntanges *Sargassum japonicum* aufwiesen, entdeckte ich immer wieder auch vereinzelte *Favia-*Arten. Zwischen spärlichen Beständen von Krusten- und Scheibenanemonen hielten diese Steinkorallen einer an sich für die Riffbildner lebensfeindlichen Umwelt stand. Dies mag, im Gegensatz zu den *Goniopora-*Arten mit ein Grund dafür sein, daß sich die meisten Sternkorallen gut in unseren Riffbecken pflegen lassen, herrschen

Bild 20: Sternkoralle *Favia amicorum.*

Bild 21: Sternkoralle *Favia maxima.*

Bild 22: Sternkoralle *Favites* spec.

Bild 23: Sternkoralle *Favia speciosa*.

doch hier oft bessere, ja sogar gleichförmigere Lebensbedingungen als in ihren natürlichen Gebieten.

Bei *Favia*-Korallen kann man besonders gut eine Form der Nahrungsaufnahme beobachten. Im Gegensatz zu vielen anderen Steinkorallen, die bei Fütterung mit tierischem Feinplankton oft sehr stark schleimen, um die gröberen Futterpartikel zu entfernen, bilden auch Sternkorallen einen dünnen Schleimfilm aus. Mit einer starken Lupe kann man dann aber sehr gut beobachten, wie mit den schon erwähnten feinen Cilien freßbare Partikel den Tentakeln oder sogar dem weitgeöffneten Mundspalt zugeführt werden. Nicht Verwertbares, vor allem auch feine mineralische Sedimente, die z. B. im Wasser treiben, wenn der Bodengrund ein wenig aufgewühlt wird, transportieren die feinen „Schlagwimpern" ununterbrochen zum Rande des Tierstockes. Beobachten kann man dies allerdings nur bei unterbrochener oder nur sehr schwacher Wasserbewegung. Bei den Sternkorallen finden wir also wie bei einigen anderen Steinkorallen-Arten auch, einen zusätzlichen Nahrungserwerb, der auch im Aquarium den aktiven Planktonfang ergänzt und neben der Symbiose mit Zooxanthellen für ausreichende Lebensenergie sorgt. Natürlich versorgt man auch diese harten Korallen regelmäßig mit Kalkwasser und bietet ihnen eine mäßige bis zeitweise starke Wasserbewegung.

Sternkorallen siedeln oft in Gemeinschaft mit Lederkorallen, Krustenanemonen und manchmal auch Scheibenanemonen. Im Aquarium kann man sie daher sehr gut mit diesen Tiergruppen zusammenhalten. Doch achte man auf jeden Fall auf einen ausreichenden Sicherheitsabstand. *Favia*- und *Favites*-Arten scheinen recht gut zu nesseln oder vertreiben heranwachsende Raumkonkurrenten mit besonderen Abwehrsekreten. Gerade raschwüchsige Lederkorallen wie *Sarcophyton-, Sinularia-, Lobophytum-* und *Cladiella*-Arten werden dann schnell einmal an den Berührungsstellen vernesselt. Scheiben- und Krustenanemonen werden je nach Art von den Sternkorallen genesselt oder wie z. B. die gelbe Krustenanemone *Parazoanthus* spec. schädigen die Riffbildner. Hier muß man eigene Erfahrungen sammeln und die einzelnen Blumentiere unter Umständen versetzen.

Nach meinen Erfahrungen, die vielfach bestätigt wurden, können Sternkorallen problemlos mit verschiedenen Korallenfischen gemeinsam gepflegt werden, doch verzichte man auf Zwergkaiser der Gattung *Centropyge.* Nicht geeignet sind Garnelen aus den Gattungen *Saron* und *Rhynchocinetes,* allgemein als Marmor- bzw. Tanz- oder Buckelgarnelen bekannt. Sie sollten überhaupt nicht in Riffbecken eingesetzt werden, da sie viele Blumentiere, vor allem Steinkorallen und Scheibenanemonen nicht selten regelrecht zerfetzen. *Hippolysmata*- und *Stenopus*-Arten sind allenfalls lästig, weil sie als Futterkonkurrenten auftreten und den Korallen die Nahrung aus dem Magenraum herauszerren. Viele Aquarianer verzichten daher auf alle Garnelen und auch kleine Einsiedlerkrebse und setzen vermehrt Schlangensterne als Restevertilger ein.

Becherkoralle *Acanthophyllia* Wells (Bild 24)

Meine erste Becherkoralle, wahrscheinlich *Acanthophyllia deshayensiana* , erhielt ich 1973 aus Indonesien. Inzwischen wird diese sehr haltbare Riffkoralle regelmäßig aus Indonesien, Sri Lanka, Malaysia, Singapur und von den Philippinen eingeführt. Neben der Blasenkoralle gehört diese prächtige Solitärkoralle (ein großer Einzelpolyp) zu den pflegeleichten Arten. Der Polyp, an dessen innerem, wulstigen Rand nachts und kurz nach jeder Fütterung mit Feinstplankton ca. 1 cm große Tentakeln erscheinen, läßt sich einfach mit Muschelfleischbrökken, Sand- und Schwimmgarnelen sowie kleinen Fischen, ja sogar Futtertabletten ernähren. Zweimal pro Woche gefüttert, bleibt diese Becherkoralle in bestem Zustand und wächst auch langsam weiter. Sechs- und mehrjährige Exemplare finden sich inzwischen in den Riffbecken vieler Seetierfreunde.
Acanthophyllia-Arten gibt es je nach Einlagerung von UV-Schutzstoffen in beige-oliv bis leuchtend grün. Die Koralle liebt eine schwache bis mäßig starke Wasserbewegung und sollte zum guten Wachstum mit Kalkwasser versorgt werden.
Direktes HQI-Licht vertragen nur die Formen mit leuchtender Einfärbung, alle anderen stelle man abgeschattet oder tiefer im Becken auf. Die Koralle ist robust und kann auch mit Doktorfischen und Garnelen zusammengpflegt werden, wobei man auf die polypenfressenden verzichtet.

Karibische Becherkoralle *Scolymia* Pallas (Bild 25)

Riffbildende Steinkorallen, wie auch die meisten anderen Blumentiere aus der Karibik, erhalten wir äußerst selten. Hin und wieder einmal gelingt es Tauchern, lebende Steinkorallen mitzubringen.
Die hier im Bild vorgestellte solitäre Becherkoralle, wahrscheinlich *Scolymia cubensis,* gehört wie die vorige zur Familie der *Mussidae.* Nach den spärlichen Erfahrungen kann dieser Riffbildner als ähnlich gut haltbar bezeichnet werden wie die *Acanthophyllia,* der sie in ihrem ganzen Verhalten sehr ähnelt. Da diese Koralle im tieferen Wasser um 15 m beheimatet ist, muß sie vorsichtig an HQI-Licht angepaßt werden. Eine zwölfstündige Beleuchtung nur mit Halogen-Metalldampflampen verträgt sie auf die Dauer nicht. Sie hält sich wesentlich besser, wenn sie 4 bis 6 Stunden mit HQI und die restliche Zeit mit blauen Leuchtstoffröhren bestrahlt wird. Auch die prächtige grüne Färbung kommt dann wesentlich besser zur Geltung. Wie bei der *Acanthophyllia* erscheinen auch bei der *Scolymia* kurze Fangarme am inneren Wulstrand. Erstaunlich große Futterbrocken können extragastral, also außerhalb des Magens verdaut werden. So wurden Fische mit einer Länge, die fast dem Durchmesser der Koralle selbst entsprachen, bis auf die Gräten verdaut. Im übrigen pflege man die Koralle wie die vorige und biete ihr zum Skelettaufbau regelmäßig Kalkwasser.

Bild 24: Becherkoralle *Acanthophyllia deshayensiana.*

Bild 25: Karibische Becherkoralle *Scolymia* spec. *(cubensis).*

Bild 26: Kristallkoralle *Galaxea fascicularis*.

Bild 27: Schallplattenkoralle *Pachyseris speciosa*.

Kristall- oder Skalpellkoralle *Galaxea* Oken (Bild 26)

Die Kristallkoralle, von der es wahrscheinlich nur die Art *Galaxea fascicularis* gibt, war schon Linné bekannt. Ihr Verbreitungsgebiet erstreckt sich vom Roten Meer bis in den tropischen Pazifik.
Die Art wird seit rund 6 Jahren regelmäßig aus Afrika und dem südostasiatischen Raum importiert und gehört im Steinkorallen-Aquarium mit zu den haltbarsten Riffbildnern.
Die beige, hellbraun bis oft leuchtend grünen Polypen können einfach mit allerlei feinstem tierischen Plankton ernährt werden. Günstig ist es, einigen Polypen eines Stockes auch zwei- bis dreimal pro Woche kleine Mysis gezielt mit einer Pinzette zu reichen.
Wichtig ist eine mäßige, zeitweise auch starke Wasserbewegung, damit zwischen den Polypen eventuell eingelagerte Sedimente restlos entfernt werden.
Galaxea fascicularis kann einzelne Fangarme extrem stark bis zu 10 cm und mehr „ausfahren", um heranwachsende Raumkonkurrenten auf Distanz zu halten. Dabei nesselt die Koralle stärker als viele ihrer Verwandten.
Die *Galaxea* gedeiht auf die Dauer nur unter HQI-Licht, wobei eine allmähliche Anpassung erfolgen muß.

Schallplattenkoralle *Pachyseris* Milne-Edwards & Haime (Bild 27)

Die Schallplattenkoralle – der treffende Name stammt von D. H. H. Kühlmann – wird erst seit vier Jahren hin und wieder eingeführt. Die Stammform *Pachyseris rugosa* hat wie viele andere Riffkorallen auch eine Reihe sog. Ökomorphen ausgebildet, die ursprünglich als eigene Arten beschrieben worden sind. Mit diesen Ökomorphen siedelt diese hübsche Steinkoralle vom abgeschatteten Flachwasser an bis in Tiefen von 20 m und mehr im gesamten Indo-Pazifik.
Die im Bild gezeigte Schallplattenkoralle, die D. Stüber seit ca. 6 Jahren in seinem Riffaquarium pflegt, dürfte die Ökomorphe *P. speciosa* sein, die in sandig bis gerölligen Vorriffabschnitten in einer blatt- bis schalenartigen Form wächst. Ihrem natürlichen Vorkommen entsprechend darf die Koralle nicht unmittelbarem HQI-Licht ausgesetzt werden. Man bringe sie in der Nähe des Bodengrundes unter oder leicht abgeschattet.
Neben tiefgrünen beige-olivfarbenen und graugrünen Formen gibt es manchmal auch wunderschön rötliche.
Gefüttert wird zweimal wöchentlich mit feinstem Ersatzplankton. Das Wachstum ist auch im Aquarium erstaunlich mit oft wallartigen Zuwachsstreifen von 2 bis 4 cm, bei größeren Stöcken auch 6 cm und mehr pro Jahr. „Kalkwasser" ist zur Pflege dieser Art unerläßlich. Bei schalenartiger Wuchsform ist darauf zu achten, daß keine Futterreste oder mineralische Feinsedimente am Grunde der Korallenkolonie verbleiben.

Atlantische Faltenkoralle *Isophyllia sinuosa* (Ellis & Solander, Bild 28)

Nur selten einmal gelangen karibische Riffkorallen, wie diese herrliche Faltenkoralle *Isophyllia sinuosa* zu uns. Häufiger importiert wird eine indo-pazifische Verwandte aus der Gattung *Symphyllia*. Die tiefrote Färbung dieser Steinkoralle deutet auf abgeschattete oder tiefe Standorte im Riff hin. Flachwasserformen sind dagegen beige bis grün oder türkis gefärbt.
Die Faltenkoralle darf nicht direktem HQI-Licht ausgesetzt werden. Man bringe sie daher wie die vorige am Bodengrund unter. In der Haltung gleicht sie den Wulst- oder Hirnkorallen der Gattung *Trachyphyllia*. Sie ist einfach zu ernähren, da man das Futter bei abgestellter Strömung zwischen die wulstigen Falten schieben kann. Gern angenommen werden Mysis und kleine Brocken Muschel- und Fischfleisch.
Nachts oder bei Fütterung mit feinem, tierischem Ersatzplankton erscheinen am inneren Faltenrand ca. 1 cm lange Fangarme.
Wie bei der Schalenkoralle vermeide man Futterreste oder Feinsedimente auf und zwischen den Falten.
Auch diese Riffkoralle benötigt zum Wachstum regelmäßig Kalkwasser. Dieser Art sehr ähnlich, aber häufiger importiert werden Vertreter der Gattung *Acanthastraea*.

Doldenkoralle *Lobophyllia* (Ehrenberg, Bild 29)

Aus der Gattung *Lobophyllia* werden zwei Arten *L. corymbosa* und *L. hemprichii* regelmäßig aus den indo-pazifischen Riffgebieten eingeführt. Beide Arten finden sich häufig am Riffhang zum Vorriffbereich. Im Aquarium sind sie unter für Steinkorallen üblichen Bedingungen sehr gut zu halten. Direktes HQI-Licht ist wieder zu vermeiden. Eine mäßige bis stundenweise starke Wasserbewegung ist auch für diese Korallen lebenswichtig. Gefüttert werden sie wie die vorigen, doch reiche man verstärkt feinstes Plantkon, das gern von den Einzelpolypen mit ihren nachts ausgestreckten kurzen Tentakeln eingefangen wird.
Die oliv bis dunkelgrüne, oft fluoreszierende Färbung des Polypengewebes wird durch blau strahlende Leuchtstoffröhren erheblich verstärkt. *Lobophyllia*-Arten können wie ihre Verwandten aus der Familie *Mussidae* gut mit anderen Steinkorallen, aber auch Scheiben- und Krustenanemonen zusammengepflegt werden, wobei sich die Blumentiere aber nicht direkt berühren dürfen. Bei regelmäßiger Zugabe von Kalkwasser wachsen die *Lobyphyllia*-Korallen mit ca. 2 bis 4 cm pro Jahr im Aquarium weiter. Bei zu hohen Nitrat- und Phosphatgehalten lösen sich die Polypen vom Skelett ab. Auch Fadenalgen beeinträchtigen die Tiere so, daß sie absterben. Man pflege sie daher erst, wenn Kalkrotalgen die Dekoration überziehen. Einige *Lobophyllia*-Korallen gedeihen schon seit 6 Jahren in verschiedenen Riffaquarien.

Bild 28: Atlantische Faltenkoralle *Isophyllia sinuosa*.

Bild 29: Doldenkoralle *Lobophyllia* spec. *(hemprichii)*.

Bild 30: Bukettkoralle *Euphyllia fimbriata*.

Bild 31: Bukettkoralle *Euphyllia glabrescens*.

Langtentakelige Bukettkorallen *Euphyllia Dana* (Bild 30 und 31)

Die herrlichen, Seeanemonen nicht unähnlichen Steinkorallen der Gattung *Euphyllia* gehören seit mehr als 10 Jahren zum festen Bestand einiger Riffbecken. *Euphyllia*-Arten leben weit verbreitet vom Roten Meer bis zum Pazifik. Sie bevorzugen ständig untergetauchte Riffdächer, Riffvorsprünge und grobsandige bis geröllige nicht zu tiefe Vorriffbereiche.
Die im Bild vorgestellte prächtige *Euphyllia fimbriata* wurde von Spengler schon 1799 beschrieben. Die ersten lebenden Exemplare wurden 1970 nach Deutschland importiert.
Euphyllia fimbriata, wegen ihrer eigenartigen Tentakelform auch oft als Hammerkoralle bezeichnet, wird im Becken ihrem natürlichen Vorkommen nach am besten im Bodengrund verankert. Dabei muß der Polypenteil jedoch frei im Wasser bleiben.
Bei regelmäßiger Zugabe unseres Kalkwassers wächst die Koralle mit gut 1 cm Skelettzunahme pro Jahr langsam weiter. Diese Neubildung des Skelettes scheint bei geringem Nitratgehalt unter 0,5 ppm ausreichend, um die Zerstörung durch kalkbohrende Algen auszugleichen. Dennoch kommt auch bei dieser Koralle leider immer wieder ein Ablösen des gesamten Polypen vor, das neben unbekannten Stoffwechselstörungen wohl mehrheitlich auf zu hohe Nitratgehalte zurückzuführen ist.
Die Fütterung ist einfach. Neben tierischem Ersatzplankton werden von Zeit zu Zeit auch Futterbrocken bis zur Größe einer Schwimmgarnele, Muschel- und Fischfleischbrocken angenommen. Diese Nahrung reiche man aber höchstens ein- bis dreimal im Monat.
HQI-Licht bei einer Wassertiefe ab ca. 20 cm wird im allgemeinen gut vertragen und hält die Koralle nach Anpassung jahrelang am Leben. Wichtig ist eine mäßige, kurzfristig auch starke Wasserbewegung. Die Strömung sollte aus unterschiedlichen Richtungen kommen.
Die Bukettkoralle nesselt viel stärker als andere Steinkorallen. Da sie, wie Bild 31 zeigt, einzelne Fangarme weit ausstrecken kann, achte man bei anderen Blumentieren, insbesondere Lederkorallen, auf einen Sicherheitsabstand von mindestens 10 bis 15 cm.
Euphyllia fimbriata hat eine Reihe von Ökomorphen entwickelt, die als eigene Arten, z. B. *E. turgida* beschrieben wurden. Diese „Art" fand ich recht häufig in tieferen, mit Grobsanden gefüllten Ebbetümpeln in der Str. von Malacca.
E. fimbriata und *E. turgida* haben in vielen Riffbecken schon 6 Jahre und mehr überdauert und sich dabei zu prächtigen Kolonien entwickelt. Wie bei allen hermatypischen Steinkorallen dürfen aber keine Fadenalgen wachsen und auch die beliebten Kriechsproßalgen der Gattung *Caulerpa* sind auf Algenkammern zu beschränken oder kleine Bestände im Aquarium selbst. Wachsen reichlich krustenförmige Kalkrotalgen, sind *Euphyllia*-Steinkorallen ausdauernd.

Blasententakelige Bukettkoralle *Euphyllia cristata* Chevalier (Bild 32 und 33)

Diese prächtige großpolypige Steinkoralle, eine Verwandte der vorigen, konnte ich 1971 erstmals in einem Riffbecken pflegen. Trotz damaliger „mangelhafter Beleuchtung" mit nur 3 Fluoreszenzröhren dauerte der Tierstock fast 3 Jahre aus.
Inzwischen findet sich *Euphyllia cristata* ziemlich regelmäßig in den Importen aus Indonesien und Singapur. Im Riff sah ich die herrlichen Tiere erstmals 1976 vereinzelt im Roten Meer (Ras Muhamad). Größere Bestände an *E. cristata* entdeckte ich 1983 in den unbewohnten Koralleninseln östlich der malayischen Halbinsel.
Die Korallen siedeln wie ihre vorigen Verwandten an nicht zu tiefen und steilen Riffabhängen sowie in grobgerölligem Vorriff.
Die Grundfarbe der herrlichen großen Polypen liegt zwischen beige und hellbraun. Doch gibt es auch, wie bei *E. fimbriata,* leuchtend grün gefärbte Exemplare.
Auffallend sind die Fangarme, die sich in 3 bis 10 und mehr Endzweige verästeln. Die abgerundete Tentakelspitze ziert oft ein weißlich durchscheinender Punkt. *Euphyllia cristata* würde ich nach Erfahrungen einiger Aquarienfreunde und meinen eigenen für noch haltbarer ansehen als die vorbeschriebene Art. In den allgemeinen Pflegeansprüchen gleichen sich beide Bukettkorallen. Man kann sie auch dicht zusammensetzen, schädigen sie sich doch nicht einmal bei direkter Berührung. Aufpassen muß man mit Scheibenanemonen. Während diese von den Tentakeln der Koralle zurückgedrängt werden, „vernesseln" die *Actinodiscus*-Arten, besonders die rötlichen und bläulichen Formen diese Steinkorallen, wenn sie in die Nähe der Polypenbasis gelangen, sich also etwa auf dem toten Skelettbereich ansiedeln sollten. Hier können wir hervorragend den lautlosen Kampf um Siedlungsraum und Überleben beobachten.
Hin und wieder wird noch eine dritte Art, *Euphyllia glabrescens,* aus den gleichen Lebensräumen eingeführt. Sie ähnelt der vorigen in Farbe und Aussehen, doch sitzen die Einzelpolypen in getrennten, unregelmäßig gewundenen Kalkkelchen. Voll geöffnet gehen die 4 bis 5 cm langen Fangarme ineinander über, und der gesamte Tierstock sieht dann einer Anemone täuschend ähnlich. Die Tentakeln sind leicht blasig aufgetrieben und wie bei *E. cristata* meist mit einem weißlichen Punkt versehen.
E. glabrescens gilt im Aquarium als etwas hinfälliger, beobachten wir doch häufiger, daß die Einzelpolypen ihre Kalkkelche verlassen. Doch dies mag wieder auf einen zu hohen Nitratgehalt zurückzuführen sein. Auch scheint, wie schon eingangs erwähnt, ein erhöhter Phosphatgehalt die Neubildung des Skelettes in der Kalkkristallform des Aragonits zu beeinträchtigen.
Alle hier vorgestellten *Euphyllia*-Arten pflege man im Aquarium nicht mit Anemonenfischen der Gattung *Amphiprion.*

Bild 32: Bukettkoralle *Euphyllia cristata.*

Bild 33: Bukettkoralle *Euphyllia cristata.*

Bild 34: Wunderkoralle *Catalaphyllia plicata.*

Bild 35: Blasenkoralle *Plerogyra sinuosa* im Vorriff.

Wunder- oder Zackenkoralle *Catalaphyllia* Wells (Bild 34)

Die Wunderkoralle *Catalaphyllia plicata* wurde von Wells 1971 von der Gattung *Euphyllia* getrennt und zu Ehren des bekannten französischen Meeresforschers Catalá umbenannt.
Diese, unter den großpolypigen Steinkorallen wohl prächtigste Art wird seit 1974 immer häufiger eingeführt und gehört nach allen neueren Erfahrungen neben der Blasenkoralle zu den haltbarsten Riffbildnern in unseren Aquarien. Die mächtigen Polypen, die den gesamten Tierstock als ein einziges, solitäres Lebewesen aussehen lassen, ähneln auf den ersten Blick verblüffend einer großen Riffanemone.
In grobsandigen Vorriffen in einer Wassertiefe um 4 bis 8 m entdeckte ich die mächtigen Korallen zum erstenmal 1983 in der zentralen Javasee. Die mir aquaristisch schon seit 1974 bekannten Tiere boten halb im Kies versenkt einen faszinierenden Anblick. Von weitem hielt ich sie für Riffanemonen, tummelten sich doch in der einen und anderen Koralle Jungtiere des Clownfisches *Amphiprion percula.*
Das massive Kalkskelett steckte bis annähernd zur Polypenbasis im Geröll. Eine mäßige Wasserbewegung, die ziemlich gleichförmig die Tierstöcke umspülte, sorgte für hin- und herwehende Fangarme.
Im Aquarium bringe man *C. plicata* im Bodengrund unter, mittelgrober Korallenkies ist hier wie für die *Euphyllia*-Arten am besten geeignet. Eine leichte, manchmal auch stärkere Wasserbewegung, wie sie heute mit Power-Timern leicht zu erzeugen ist, hält diese wunderschöne Koralle über Jahre gesund. HQI-Licht wird im allgemeinen gut vertragen, wenn die Koralle nicht gerade in der Nähe der Wasseroberfläche untergebracht wird.
In den sonstigen Pflegeansprüchen, Fütterung usw. biete man ihr die gleichen Bedingungen wie den *Euphyllia*-Korallen.
Achtung, die „Nesselfähigkeit“ ist fast so stark wie bei manchen Symbiose-Anemonen. Man beachte einen Sicherheitsabstand von mindestens 15 cm zu anderen Blumentieren.

Blasenkoralle *Plerogyra* Milne-Edwards & Haime (Bild 35, 36 und 37)

Die Blasenkoralle *Plerogyra sinuosa* von Dana 1846 beschrieben, gehört seit mehr als 15 Jahren zum festen Bestand von Riffkorallen in unseren Wirbellosen-Becken.
Als ich 1970 die ersten Exemplare aus Indonesien erhielt, die mir wenig später von Dr. Scheer, dem von mir hochgeschätzten Korallenspezialisten, bestimmt wurden, ahnte ich nicht, daß mit diesen wunderschönen Steinkorallen „meine Laufbahn als Riffaquarianer“ beginnen sollte.
Schon unter den damals noch einfachen Lichtverhältnissen (3 tagweiße Leucht-

stoffröhren) hielt sich die Blasenkoralle ganz ausgezeichnet. Mein erstes importiertes Exemplar begleitete mich 4 Jahre durch die verschiedensten Miniriff-Becken.
In den Jahren 1976 bis 1986 konnte ich Blasenkorallen immer wieder in den Riffen des Roten Meeres, der Insel Mauritius und des sog. Indo-Australischen Mittelmeeres beobachten. Die mächtigen Kolonien mit Durchmessern von 2 m und mehr finden sich gewöhnlich in Wassertiefen ab 5 bis unter 15 m und bestechen durch die nicht selten rein weißen Blasenpolypen. Obwohl dieser Riffbildner im allgemeinen klare Wasserverhältnisse mit nicht zu starker Strömung bevorzugt, erstaunt die Langlebigkeit im Aquarium, die inzwischen bis zu 10 Jahre beträgt. *Plerogyra sinuosa* siedelt vor allem an nicht zu steilen Riffhängen und hält sich heranwachsende Raumkonkurrenten, also andere Blumentiere, mit ihrer starken Nesselfähigkeit auf Distanz. Oft entdeckt man um eine große Kolonie nichts anderes als krustige Kalkrotalgen. Die Einzelpolypen, deren Anzahl nach der Menge der spaltförmigen Mundöffnungen berechnet wird, verschmelzen meist zu mehreren in einer gemeinsamen Polypenmasse.
Die in der Natur meist pferdebohnengroßen Blasen, die im Aquarium unter besseren Lichtverhältnissen rasch auch bis pflaumengroß werden, dienen, wie Riff- und Aquarienbeobachtungen bewiesen haben, der Vergrößerung der Polypenoberfläche. Als langsam wachsende Riffkoralle wird *P. sinuosa* oft von über ihr „wuchernden“ *Acropora*-Korallen, z. B. der mächtigen *A. hyacinthus* abgeschattet. So muß sie ihr Polypengewebe in ihren tieferen Lebensräumen ausdehnen, um den symbiotischen Algen eine möglichst große Oberfläche zu bieten. Nachts werden, wie die Bilder sehr schön zeigen, die Blasen in 2 bis 4 cm lange Fangarme umgebildet, mit denen dann Planktonorganismen gefangen werden. Die Tentakeln, und das kann man schon mit einer starken Briefmarkenlupe erkennen, sind dicht mit Batterien von Nesselkapseln bewehrt, die sowohl über Klebfäden, sog. Spirozysten, wie über bedornte Nesselfäden Nematocysten verfügen. Mit ihnen können Beutetiere bis zur Größe einer Schwimmgarnele leicht betäubt und erfaßt werden. Auch heranwachsende Lederkorallen, artfremde Steinkorallen, Krusten- und Scheibenanemonen hält sich die Blasenkoralle damit fern. Gefüttert wird sie mit erbsgroßen Bröckchen Muschel- und Fischfleisch, Schwebegarnelen u. ä. Die Nahrung gibt man zwischen die Blasen, sie wird bald vom weit ausgestülpten Magenraum aufgenommen. An HQI-Licht müssen die meisten importierten Korallen vorsichtig gewöhnt werden. Man bringe sie daher anfangs in der Nähe des Bodengrundes unter.
Die meist weißen Polypen werden im Aquarium rasch bräunlich und stoßen bald einmal einen Teil ihrer Zooxanthellen als schleimig-bräunlichen Schleier aus den Mundspalten.
Neben den weißen gibt es auch manchmal grünliche und rosafarbene Exemplare, die unter einem „Blaustrahler“ besonders schön leuchten. Die robusten Korallen können mit Fischen gut zusammengehalten werden.

Bild 36: Blasenkoralle *Plerogyra sinuosa* im Aquarium.

Bild 37: Blasenkoralle *Plerogyra sinuosa* nachts.

Bild 38: Wulst- oder Hirnkoralle *Trachyphyllia geofroyi.*

Bild 39: *Trachyphyllia geofroyi* mit intensiven UV-Schutzstoffen.

Großpolypige Hirnkoralle *Trachyphyllia* Milne-Edwards & Haime (Bild 38, 39 und 40)

Die großpolypige Hirnkoralle *Trachyphyllia geofroyi* wird oft auch Krater- oder Wulstkoralle genannt. Ihr Verbreitungsgebiet erstreckt sich vom Roten Meer über den gesamten Indo-Pazifik. Sie lebt frei auf sandigen bis gerölligen Riffböden und Vorriffbereichen bis in mittlere Tiefen um 40 m.
Diese Koralle hat sich seit mehr als 15 Jahren als außerordentlich haltbar in den Riffaquarien erwiesen. Schon unter einer Beleuchtung mit nur 3 Fluoreszenzröhren konnte ich sie 1972 4 Jahre lang halten. *T. geofroyi* gehört zu den wenigen Riffbildnern, die auch in stark organisch verschmutzten sowie sedimentreichen Riffzonen vorkommt, in denen kaum eine andere Koralle noch existieren kann. So fand ich die Wulstkoralle in den Hafengewässern von Singapur, die regelmäßig nur noch eine Sichttiefe von unter einem Meter aufwiesen. Selbst zwischen wuchernden Beständen von *Sargassum*-Tangen und *Caulerpa*-Blattalgen kann diese Steinkoralle noch leben. Mit dem konisch zugespitzten Ende ihres Kalkskeletts steckt sie oft bis zur lebenden Polypenbasis in Sand- und Geröllsubstraten. Die Koralle ist so zäh, daß sie heute vielfach fast ohne Wasser im Transportbeutel eingeführt wird. Selbst auf sandigen Riffplatten und in überhitzten Ebbetümpeln fand ich *T. geofroyi* in der Str. von Malacca.
Je nach Standort ist die Koralle graugrün, beigebraun, rostbraun bis vereinzelt tiefrot gefärbt. Exemplare auf der Riffplatte sind oft durch UV-Schutzstoffe leuchtend grün getönt und fluoreszieren, wie das Bild zeigt, herrlich. Vereinzelt werden sogar türkis bis bläulich schimmernde Tierstöcke gefunden.
Die dickfleischigen Polypen, die nur an ihren einzelnen Mundspalten zu erkennen sind, ansonsten ist das gesamte Polypengewebe miteinander verschmolzen, wirken auf den ersten Blick wie eine einzige Solitärkoralle. Tagsüber bläht sich das Gewebe oft so stark auf, daß man vermuten könnte, die Polypen platzten jeden Augenblick. Doch dient dieser Vorgang einmal der Vergrößerung der Oberfläche, um den Zooxanthellen möglichst viel Licht zu bieten, zum anderen schwillt der Weichkörper auch an, um feinste Sedimente vom Gewebe zu entfernen.
Dieser Vorgang kann zudem noch beobachtet werden, wenn ein Teil der überschüssigen symbiotischen Algen über die Mundspalten entfernt werden soll. Dabei zieht sich die Polypenmasse erstaunlich schnell vom extrem aufgeblähten Zustand so zusammen, daß man die im inneren Kelch verlaufenden Skelettrippen erkennen kann.
In der Natur dürfte *T. geofroyi* überwiegend nachts fressen. An den wulstigen Rändern der leicht zusammengezogenen Polypen zeigen sich dann kurze, dicke rund 1 cm lange Fangarme. Im Aquarium kann man dies auch tagsüber beobachten, wenn feinstes Ersatzplankton im Wasser treibt.
Diese Hirnkoralle, die mit den „echten Hirnkorallen“ der Gattungen *Platygyra*

(Indo-Pazifik) oder *Diploria* (Karibik) nicht zu verwechseln ist, läßt sich sehr leicht füttern. Erbsgroße Brocken Muschelfleisch, kleine Fische und Garnelen können einfach zwischen die wulstig aufgeblähten Ränder der Polypenmasse geschoben werden. Das Gewebe biegt sich dann langsam über die Nahrungsbrokken und klemmt sie sozusagen ein. Weit öffnen sich die Mundspalten und ein Teil der Magenfalten werden herausgestreckt, um die oft zu großen Stücke extragastral zu verdauen. Wird die Koralle ein- bis zweimal wöchentlich so ernährt, wächst sie im Aquarium gut weiter und bildet rund 1 cm Zuwachsstreifen am Skelett pro Jahr. Voraussetzung hierfür ist aber wieder eine regelmäßige Kalkwasserzugabe.

Trachyphyllia geofroyi gehört neben der Blasenkoralle zweifellos zu den haltbarsten Steinkorallen, die auch unter Leuchtstoffröhren in der in Band I beschriebenen Kombination gut gedeihen. Wird HQI-Licht mit oder allein eingesetzt, bringe man die Koralle ihrem natürlichen Lebensraum entsprechend in grobem Korallenkies unter. Bei einer Beleuchtung nur mit Fluoreszenzröhren kann sie auch in der Dekoration verankert werden.

Grüne, bläuliche und rötliche Exemplare sehen unter den schon oft erwähnten Blaustrahlern Philips TL 18 oder Thorn Blue besonders hübsch aus, fluoreszieren sie doch sehr geheimnisvoll.

T. geofroyi schätzt eine mäßige, stundenweise auch starke Wasserbewegung. Garnelen, außer jenen, die Korallen anfressen, und Fische verträgt die Koralle recht gut.

Faltenkoralle *Manicina* Ehrenberg (Bild 41)

Die Faltenkoralle *Manicina* mit der Art *alveolata* ähnelt der vorigen *Trachyphyllia* verblüffend. Sie gehört systematisch jedoch zu den *Faviidae,* ist also mit den Sternkorallen *Favia* „verwandt".

Diese ebenfalls recht haltbare Steinkoralle besetzt in der Karibischen See die gleiche ökologische Nische wie *Trachyphyllia* im Indo-Pazifik. Auch sie findet sich lose oder mit dem Korallenskelett leicht eingegraben auf sandig bis kiesigen Riffböden.

Gezielt wird die hübsche Koralle noch selten imporiert, doch bringen sie Taucher unter den Seewasseraquarianern manchmal mit, zumal sie wenig transportempfindlich ist.

Im Aquarium scheint *Manicina alvelolata* nach bisherigen Beobachtungen ähnlich haltbar wie die vorige Koralle zu sein. Auch in ihrem Reinigungs- und Freßverhalten ist sie vergleichbar.

Entsprechend ihrer großen Tiefenverbreitung bis zu 60 m müssen Faltenkorallen je nach Fundort vorsichtig an HQI-Licht gewöhnt werden. Man bringe sie am besten auf dem Bodengrund unter und biete ihnen eine ständig mäßige Wasserströmung. Gefüttert wird sie vor allem mit feinem Ersatzplankton.

Bild 40: *Trachyphyllia geofroyi,* rötliche Tiefenform.

Bild 41: Karibische Faltenkoralle *Manicina alveolata.*

Bild 42: Pilzsteinkoralle *Fungia* spec. *(scutaria)*.

Bild 43: Pilzsteinkoralle *Fungia actiniformis,* Flachwasserform.

Pilz-Steinkorallen *Fungia* Lamarck (Bild 42, 43 und 44)

Aus der vielgestaltigen Gattung der Pilz-Steinkorallen *Fungia* werden seit mehr als 15 Jahren verschiedene Arten immer wieder eingeführt. Dabei dürfte die einer Anemone sehr ähnliche Art *Fungia actiniformis* (Aktinienform) die häufigste sein, die vor allem in den Riffen der Str. von Malacca regelmäßig zu finden ist. Die kreisrunden bis leicht ovalen Kalkskelette mit ihren radiären oft gezähnten Septen dienen im wesentlichen der systematischen Einordnung und führten zu einer Vielzahl beschriebener Arten. Wir wollen uns hier im wesentlichen auf *Fungia actiniformis,* die von Quoy und Gaimard 1833 bestimmt wurde, beschränken.

Pilz-Steinkorallen leben mit wenigen Ausnahmen auf sandigen und gerölligen Böden des Riffdaches (Riffwatt) und des Vorriffs. Es sind sog. Solitärkorallen, d. h. das Blumentier besteht aus einem einzigen großen Polypen.

Fungia actiniformis kann neben wenigen anderen Steinkorallen, z. B. *Trachyphyllia,* noch in stark organisch verschmutzten Gewässern mit hoher Sedimentfracht gedeihen. So findet sie sich häufig in den äußeren Hafengewässern Singapurs, die meist eine Sichttiefe von unter 1 m aufweisen. Durch den regen Schiffsverkehr, besonders aber durch Ausbaggerungen, werden viele *Fungia*-Korallen teilweise zerbrochen. Fallen sie nicht auf den Polypenteil, regenerieren selbst kleine Bruchstücke in oft seltsamen Formen zu neuen Korallen.

Dennoch ist diese anemonenartige Steinkoralle im Aquarium nicht sehr ausdauernd. Selten einmal lassen sie sich länger als 1 bis 2 Jahre im Riffbecken am Leben erhalten, obwohl die Polypen gierige Fresser sind, die mit kleinen Brocken Muschel- und Fischfleisch, Mysis und kleinen Sand- und Schwimmgarnelen leicht gefüttert werden können.

Leider konnten wir bis heute nicht herausfinden, warum gerade diese sehr dekorative Solitärkoralle so schwierig zu halten ist. Trotz regelmäßiger und auch nicht übertriebener Fütterung wird der Polyp langsam immer kleiner und löst sich irgendwann einmal vom Skelett ab oder zerfällt schleimig. Auch Versuche in praktisch nitrat- und phosphatfreiem Wasser bei regelmäßiger Zugabe von Kalkwasser führten zu keiner bemerkenswerten längeren Pflege. Hier ähnelt die überhaupt nicht transportempfindliche Koralle verblüffend den Margueritenkorallen der Gattung *Goniopora.* Auch Lichtversuche brachten uns einer Lösung des Rätsels nicht näher. Vergleicht man die „miserablen" Umweltverhältnisse dieser Steinkoralle mit den weitaus besseren in einem gut gepflegten Riffbecken, in dem sogar *Acropora*-Korallen jahrelang wachsen, ist die schlechte Haltbarkeit unverständlich. Dabei sind gerade alle Pilz-Steinkorallen den sedimentreichen Wasserverhältnissen ihrer natürlichen Lebensräume vorzüglich angepaßt, können sie sich doch mit ihren Cilien von nahezu allen Sinkstoffen, einschließlich aufgewirbelten feinen Sandes, in kurzer Zeit säubern. Im Aquarium pflege man Pilz-Steinkorallen auf grobem Korallenkies oder locker aufgeschichtetem Ko-

rallenbruch, der allseits gut von Wasser umströmt wird. *Fungia actiniformis* und einige ihrer etwas besser ausdauernden Verwandten mit kurztentakeligen Polypen halte man nicht mit Anemonenfischen der Gattung *Amphiprion,* die oft nach kurzer Zeit die Korallenpolypen als Wirtsanemonen betrachten.
Direktes HQI-Licht vertragen die Pilzsteinkorallen nicht. Neben den schon erwähnten Futterstoffen reiche man auch feinstes tierisches Ersatzplankton.
Fungia actiniformis tritt nicht selten in prächtigen Farbvariationen auf, so gibt es oft grünlich radiär gestreifte Korallenpolypen, deren Fangarme an den Spitzen weinrote, gelbliche oder giftgrüne Punkte aufweisen.

Bumerankoralle *Polyphyllia* Quoy & Gaimard (Bild 45)

Hin und wieder findet sich in den Importen aus Südost-Asien eine länglich ovale, manchmal leicht s-förmig gewundene Steinkoralle, die ebenfalls der Familie *Fungiidae* zugehört. Diese als Bumerangkoralle *Polyphyllia talpina* (der Artname bedeutet Maulwurfsähnlich) besiedelt den gleichen sandig-gerölligen Lebensraum wie die *Fungia*-Arten. Im Gegensatz zu diesen ist diese ovale Steinkoralle im Aquarium viel haltbarer. Auch hier wissen wir nicht warum. Als ich mir 1976 aus dem Ufersaumriff La Pomponette, der Insel Mauritius, die erste Bumerangkoralle lebend mit heimbrachte, ahnte ich nicht, daß dieses interessante Tier mehr als 5 Jahre in meinem Riffbecken ausdauern würde. Mit feinstem tierischem Ersatzplankton zweimal wöchentlich gefüttert, hielt sich die Koralle prächtig unter 5 Leuchtstoffröhren. Inzwischen gibt es weitere Erfahrungen anderer Aquarianer, die mir bestätigten, daß der leider seltene Riffbewohner ganz ausgezeichnet gedeiht.
Wie die *Fungia*-Arten bringe man auch diese Koralle am sinnvollsten auf grobem Korallenkies unter. Direktes HQI-Licht ist zu vermeiden. Eine ständig mäßige, zeitweise kräftige Wasserbewegung sollte dafür sorgen, daß sich wie bei den *Fungia*-Arten keine organischen Reste unter dem Tier sammeln können. Sedimentfall, wie er z. B. beim Aufrühren des Bodengrundes entsteht, wird gut vertragen. Die, wie das Bild zeigt, vieltentakelige Koralle schleimt dann sehr stark ein und transportiert die aufgelagerten Fremdstoffe rasch, wohl auch mittels Cilien zum Rand des Tierstockes. *Polyphyllia talpina* wird nicht als Solitärkoralle aufgefaßt, da mehrere spaltförmige Mundöffnungen vorhanden sind, die jeweils einem Polypen zugeordnet werden, obwohl das gesamte Polypengewebe miteinander verschmolzen ist.
Der Seewasseraquarianer, der sich mit Steinkorallen besonders beschäftigen möchte, pflege diese Art möglichst ohne große Fische und Garnelen. Lederkorallen, Scheiben- und Krustenanemonen können gut hinzugesetzt werden.
Manchmal wird eine ähnliche Koralle *Herpolitha limax* angeboten. Ihr Skelett ist manchmal leicht S-förmig gekrümmt und kann durch Regeneration verletzter Teile auch einmal drei Enden haben. In der Haltung gleicht sie der vorigen.

Bild 44: Pilzsteinkoralle *Fungia actiniformis* aus dem Vorriff.

Bild 45: Bumerangkoralle *Polyphyllia talpina*.

Bild 46: Gelbe Kelchkoralle *Tubastraea coccinea.*

Bild 47: Schwarze Kelchkoralle *Dendrophyllia micrantha.*

Rote bis Gelbe Kelchkoralle *Tubastraea* Lesson (Bild 46)

Die herrliche großpolypige, nicht riffbildende Steinkoralle *Tubastraea coccinea* (Ehrenberg 1834), die auch als „aurea" bezeichnet wird, gehört ebenfalls seit mehr als 15 Jahren zu den regelmäßig aus Südost-Asien eingeführten Riffbewohnern.
Die gelb, rötlich bis leuchend orange gefärbten Kelchkorallen finden sich zumeist in Höhlen, steilen abgeschatteten Riffhängen oder unter Überhängen als halbkugelige Polsterkolonien. Selten wird man diese prächtige Steinkoralle im Gegensatz zu ihrer karibischen Verwandten *Tubastraea tenuilammellosa* in sonnendurchfluteten Riffbereichen antreffen. Nur einmal sah ich sie so in der zentralen Javasee.
Die Kelchkoralle pflege man im Riffaquarium ihrem Hauptvorkommen entsprechend in gut durchströmten Höhlen oder abgeschatteten Stellen der Dekoration. Sie liebt eine ständig mäßige bis stundenweise sehr starke Wasserbewegung. Wird feinstes tierisches Ersatzplankton gereicht, öffnen sich die fantastischen Polypen meist kurze Zeit später. Nun reiche man einzelnen Polypen mit der Pinzette winzige Brocken von Muschel- und Fischfleisch, Mysis u. ä. Auch in Seewasser gewässerte Daphnien, Cyclops und Bosmiden füttere man gezielt mit einem Futterrohr. *Tubastraea coccinea* ist sehr haltbar, wenn man ihrem größeren Nahrungsbedarf gerecht wird und sie, wie hier kurz dargestellt, pflegt. Am besten hält sie sich in Aquarien mit gutem Kalkrotalgen-Wuchs oder in Becken mit der Tierwelt des tieferen Wassers, bunten Weich- und Hornkorallen, die nur schwach beleuchtet werden.
Hohe Nitratwerte, die meist mit vergleichbar hohen Phosphatgehalten auftreten, vertragen diese Korallen überhaupt nicht. Hier sind auch die Ursachen dafür zu suchen, daß sie in manchen Becken überhaupt nicht gedeiht. Will man diese wunderschönen Riff- und Felsküstenbewohner über Jahre hinweg pflegen, was durchaus möglich ist, verzichte man auf Fische und Garnelen weitgehend. Allenfalls Mandarinfische und ein oder zwei kleine Grundeln würde ich empfehlen.
Tubastraea coccinea hat sich im Aquarium schon oft mit Planula-Larven fortgepflanzt (Bild 10). Die Korallenschwärmer werden im Mutterpolypen voll entwickelt und durch den Mundspalt ausgestoßen. Sie schwärmen für Aquarienverhältnisse günstig, nur etwa 3 bis 7 Tage im Wasser und setzen sich dann an strömungsreichen, dunklen Stellen auf sauberem Substrat fest. Dort entwickeln sich innerhalb eines Jahres ca. linsengroße Primarpolypen. Als ich wegen Umzugs mein 680 l fassendes Riffaquarium 1979 ausräumen mußte, entdeckte ich in der Dekoration zu meiner größten Verblüffung ca. 50 bis erbsgroße *Tubastraea*-Minikolonien, die ich nie vorher gesehen hatte.
Neben der bekannteren *Tubastraea coccinea* aus der Familie der *Dendrophylliidae* wird sehr selten einmal auch die prächtige *Dendrophyllia micranthus* (Ehrenberg 1834) eingeführt.

Schalen- oder Kraterkorallen *Turbinaria* Oken (Bild 48 und 49)

Die Schalenkorallen der Gattung *Turbinaria* gehören wie die vorigen zur Familie *Dendrophylliidae.* Sie sind wieder Riffbildner, beherbergen sie doch in ihrem Gewebe symbiotische Alten, im Gegensatz zu den vorher beschriebenen ahermatypischen bunten Korallen.
Turbinaria-Korallen, wohl meist die schalenförmige *T. peltata, T. frondens* und die mehr kraterige *T. mollis* werden überwiegend aus Singapur importiert, da sie an den Korallenküsten Malaysias und Sumatras sehr häufig auch noch in leicht verschmutztem Wasser vorkommen, ja sogar noch im Hafen von Singapur selbst. Nach meinen Beobachtungen vertragen sie eine ziemlich hohe Sedimentierung ohne Schwierigkeiten. Sie schleimen sofort sehr stark ähnlich den meisten *Fungia*-Arten, und ihre Cilien transporieren auflagernden Schmutz rasch zum Rande des Tierstockes. Auch im Transport sind diese hübschen, großpolypigen Korallenstöcke nicht empfindlich.
Oft fand ich sie auch in stark mit Seegräsern bewachsenen Regionen auf halbharten Böden sowie zwischen Blattalgen der Gattung *Caulerpa* oder Sargassumtangen. Selbst zeitweises Trockenfallen ihres Siedlungsraumes wird vertragen.
Im Aquarium halten sich diese Steinkorallen hervorragend, wenn Nitrat- und Phosphatwerte unter 5 bzw. 0,5 ppm liegen. Wird regelmäßig unser Kalkwasser zugeführt, wachsen die Kolonien mit ca. 1 bis 1,5 cm pro Jahr am Schalenrand weiter. Wichtig sind eine ständige mäßige Wasserbewegung, die den Tierstock allseits gut umspült. Stellt man die „Schalen" nun noch leicht schräg in der Dekoration auf, daß sich keine größeren Mulmmengen ansammeln, lassen sich *Turbinaria*-Korallen gut über Jahre hinweg halten.
Hauptfeind wie für die meisten Riffbildner sind fädige Grünalgen, die gern an vom Polypengewebe entblößten Skelettstellen aufwachsen und dann die noch intakten Polypen zurückdrängen. Wir setzen daher *Turbinaria*-Korallen erst ein, wenn keine Fadenalgen mehr wachsen. Hervorragend gedeihen sie in allen Aquarien mit gutem Kalkrotalgenwachstum.
Die Ernährung dieser Steinkorallen ist sehr einfach. Tagsüber öffnen sich die Polypen regelmäßig vollständig. Neben feinstem tierischem Ersatzplankton können auch Daphnien sowie kleine Schwimm- und Sandgarnelen, winzige Brocken Muschel- und Fischfleisch oder Mysis direkt an die Polypen verfüttert werden. Es genügt, wenn ein Teil der Einzelindividuen ein- bis zweimal wöchentlich gezielt mit Futter versorgt wird. Gegenüber kleinen Fischen, soweit es keine Aufwuchspicker sind, reagieren die *Turbinaria*-Arten unempfindlich. Auch die Garnelen *Stenopus hispidus, Hippolysmata grabhami* oder *Lysmata debelius* sind im großen und ganzen harmlos, wenngleich sie immer wieder einmal versuchen werden, den Korallenpolypen die Nahrungsbrocken zu entwenden.
Mit ihren bis zu 1 cm großen sternartigen Polypen gehören die *Turbinaria*-Korallen zweifellos mit zu den schönsten Riffkorallen.

Bild 48: Schalenkoralle *Turbinaria peltata.*

Bild 49: Schalenkoralle *Turbinaria* spec.

Neben den hier vorgestellten, von vielen Aquarianern inzwischen erfolgreich gepflegten Riffkorallen, gibt es eine ganze Reihe weiterer Arten, die aber noch selten gezielt eingeführt und im Fachhandel angeboten werden. Wer sich intensiver um diese Tiere kümmern möchte, da sie immer noch voller Geheimnisse sind und unseren Ehrgeiz anstacheln, auch Lebewesen erfolgreich zu halten, die allgemein als schwierig gelten, möge folgenden Rat beachten. Unscheinbare aber noch lebende Korallenreste finden sich häufig auf frisch importiertem lebendem Riffgestein. Mit viel Ausdauer und Geduld gelingt es, aus ihnen allmählich intakte Tierstöcke heranzuziehen. Auch Steine mit Scheiben- und Krustenanemonen sind eine gute Quelle für Korallenreste. Hilfreich sind auch Taucher, die sich als Seewasseraquarianer oft kleine Stöcke verschiedenster Steinkorallen mitbringen können, da sie in aller Regel sorgsamer mit den Lebewesen umgehen als dies bei Tierimporten möglich ist. Ich kenne nicht wenige Becken, in denen von Tauchern mitgebrachte Steinkorallen nicht nur überleben, sondern inzwischen so gut wachsen, daß Teilstücke abgegeben werden. Was für Lederkorallen, *Xenia*-Weichkorallen, Scheiben- und Krustenanemonen möglich ist, wird in Zukunft sicher vermehrt auch für Riffkorallen gelten. Dazu ist eigentlich nur ein weiterer Zusammenschluß interessierter Meeresaquarianer nötig.
In den vielen Aquarien, die ich in den letzten Jahren beobachten konnte, findet sich eine erstaunliche Vielfalt tropischer Riffkorallen, von denen einige wenige andeutungsweise vorgestellt werden sollen. Das Bildmaterial dazu findet der Aquarianer in den eingangs erwähnten Büchern über die Riffe sowie in einigen anderen im Literatur-Anhang. Gepflegt werden heute mehr oder minder vereinzelt, aber fast immer mit Erfolg Arten aus folgenden Gattungen: Krusten- und halbkugelige Polsterkolonien bildende *Montipora*- und *Astreopora*-Arten, die zumeist aus dem Riffwatt oder Vorriffbereich stammen. Sie beherbergen in ihren 1 bis 2 mm breiten Kalkkelchen hübsche bis ca. 4 mm hohe, sternblütige Polypen. Erstaunlich gut wachsen in manchen Becken aus blätterige bis flachkrustige *Leptoseris-, Agaricia-, Pavona-, Merulina-* und *Clavarina*-Arten, deren Einzelpolypen man als haarfeine Lebewesen fast nur nachts mit einer Lupe erkennen kann. Dafür sind diese krustenartigen, manchmal mit dünnfingerigen Säulchen und Noppen wachsenden Riffkorallen oft wunderschön gefärbt mit leuchtend grünen Rändern, rosa- oder türkisfarbenen Sprenkeln sowie gelb fluoreszierend überhaucht. Auch echte Hirnkorallen der Gattungen *Platygyra, Leptoria* und *Oulophyllia* sieht man in kleinen Stöcken, die sehr langsam weiterwachsen in den Riffbecken. Gut haltbar scheinen die hübschen *Goniastraea*-Arten mit ihren 4 bis 7 mm breiten, unregelmäßig sechskantigen Kalkkelchen und bis 10 mm hohen nachtaktiven Polypen zu sein. Rotbraune, tiefrote und giftgrüne *Lobophyllia*- und *Symphyllia*-Arten sowie die warzig-noppigen Blattpolster von *Echinophyllia*-Arten sah ich ebenfalls schon erfolgreich gepflegt.

Von den fast 2 000 mehrheitlich riffbildenden Steinkorallen werden in Zukunft sicher noch weitere Vertreter in den verschiedenen Riffaquarien gepflegt werden. Die bisherigen Erfolge vieler Aquarianer sind für mich immer wieder verblüffend. Wenn ich bedenke, wie D. Stüber unermüdlich seine prächtigen Acropora-Stöcke hegt und vermehrt und schon einige Seetierfreunde mit Sekundärkolonien, die in seinem Becken herangezogen wurden, versorgt hat, läßt mich dies für die nächsten Jahre einiges erhoffen. Wichtig in diesem Zusammenhang sind vor allem langdauernde Beobachtungen, die für das Zusammenleben unterschiedlichster Blumentiere auf engem Raum wertvolle Erfahrungen liefern.
Gewiß, nicht jedem begeisterten Seewasseraquarianer wird auf Anhieb gelingen, die geheimnisvollen Riffbauer dauerhaft am Leben zu erhalten. Mögen daher die hier vorgestellten Korallen dazu beitragen, weiter auf diesem Weg zu forschen. Die künstliche Beleuchtung in einer richtigen, den Wassertiefen im Riff entsprechenden spektralen Verteilung wird uns sicher auch noch weiter beschäftigen. Das Gleiche gilt für den biologisch-bakteriellen Abbau von Nitraten und Phosphaten. Denitrifikationsfilter, die inzwischen Erstaunliches leisten, gibt es seit ich diese Probleme vor fast 10 Jahren zum ersten Mal behandelte, nun in verschiedensten Ausführungen. Die regelmäßige Entfernung zu hoher und damit stoffwechselphysiologisch bedenklicher Phosphatmengen ist noch schwierig, wird aber gewiß auch zu bewerkstelligen sein. Die Fütterung kann im großen und ganzen problemlos genannt werden. Aufgrund vielfältiger Untersuchungen der letzten Jahre über die verschiedenen Ernährungsmechanismen der Steinkorallen, können wir heute feststellen, daß die meisten aquaristisch interessanten Riffbauer einfach zu füttern sind. Meist wird zuviel als zuwenig Ersatznahrung gereicht.
Die meisten Steinkorallen, die in den letzten 10 Jahren vermehrt gepflegt und teils vermehrt wurden, stammen aus Gebieten, die durch menschliche Einflüsse, starker Schiffsverkehr, Ölbohrung, Massentourismus und Tauchsport, Besiedlung bisher unbewohnter Korallenriffe, Kalk- und Baumaterialgewinnung und dergleichen mehr oder weniger stark geschädigt worden sind. Steinkorallen aus diesen Regionen, die zudem noch verkehrsgünstig liegen, sind für die Aquarienpflege besonders gut geeignet. Sie haben sich ja schon in ihren natürlichen Lebensräumen veränderten, oft stark verschmutzten Wasserverhältnissen anpassen müssen oder überstehen sie mehr oder minder gut. So ist es nicht verwunderlich, daß einige Arten im gut abgeschäumten und kräftig bewegten Wasser sinnvoll beleuchteter Riffbecken nicht nur überleben, sondern auch wachsen und sich vermehren. Selbst die geschlechtliche Fortpflanzung und die Entwicklung winziger Korallenpolypen aus Planula-Larven wird immer wieder beobachtet. Aus all dem ergeben sich wertvolle Forschungsaufgaben für alle interessierten Meeresaquarianer.

Ordnung: *Corallimorpharia* Korallenanemonen

Als ich 1970 die ersten Kolonien „Falscher Korallen" *Corallimorpharia* erhielt, ahnte ich nicht, daß in dieser kleinen Ordnung sechsstrahliger Blumentiere mit nur etwa 10 Gattungen äußerst verschiedenartige, farbprächtige und zudem noch sehr haltbare Aquarientiere für unsere Riffbecken anzutreffen wären. Anfangs hielt ich die heute meist als Scheiben- oder Telleranemonen, die größeren auch als Elefantenohren bezeichneten Blumentiere für Krustenanemonen. Erst nachdem ich ab 1974 immer öfter graugrüne, bläuliche und rötliche Tierstöcke vorwiegend aus Indonesien erhielt, befaßte ich mich näher mit den reizvollen Lebewesen.
Leider gab und gibt die Literatur nicht allzu viel über diese eigenartigen Blumentiere her. Die Ordnung *Corallimorpharia* wurde erst 1937 von Stephenson aufgestellt, der die meisten als Aktinien *Stichodactylina* (Delage & Hérouard 1901) beschriebenen Formen von den echten Anemonen *Actiniaria* abtrennte und sie aufgrund morphologischer Untersuchungen mehr als skelettlose Korallen auffaßte. Carlgren führte für die Falschen Korallen die Ordnung *Asclerocorallia* ein. Systematisch werden die *Corallimorpharia* zur Zeit in zwei Familien, den eigentlichen Korallenanemonen *Corallimorphidae* und den Scheibenanemonen *Actinodiscidae* geführt.
Die Korallenanemonen mit der recht gut bekannten Gattung *Corynactis* sehen wie kleine, kaum einen Zentimeter hohe Anemonen aus, die koloniebildend sind. Sie besitzen immer Tentakel mit winzigen blasigen Ausstülpungen am Ende, die man als „geknöpft" bezeichnet.

Die Korallenanemonen siedeln überwiegend in kühlen, gemäßigten und subtropischen Meeren. Bekannte Arten sind die grünliche bis orangefarbene *Corynactis viridis* des Mittelmeeres und die herrlich rot fluoreszierende *Corynactis australis* der Südküste Australiens sowie der Küsten Neuseelands. Korallenanemonen siedeln an abgeschatteten Standorten des flachen Wassers, nicht selten unter größeren, lose aufliegenden Steinen in Ebbetümpeln. Aquaristisch sind außer der Mittelmeer-Art nur vereinzelt andere Arten bekannt.
Die Scheibenanemonen *Actinodiscidae* finden sich überwiegend in subtropischen und vor allem in tropischen Meeren, wo sie in der Karibik wie im Roten Meer und gesamten tropischen Indo-Pazifik als Sekundärsiedler abgestorbener Riffbereiche auftreten.
Nach meinen Riffuntersuchungen der letzten Jahre liegt das Hauptverbreitungsgebiet dieser schönen Blumentiere zwischen 0 und ca. 20 m Wassertiefe. Besonders die rötlich und bläulich irisierenden Vertreter fand ich nach langem Suchen in der zentralen Javasee sowie den Korallenküsten Sumatras erst ab Tiefen von 10 m in größeren Mengen. Die meisten anderen Formen, die im folgenden im Bild vorgestellt werden, siedeln mehr im Flachwasser von 0 bis etwa 10 m.

Einige Scheibenanemonen vertragen, wie ich schon eingangs kurz erwähnt habe, erhebliche organische Verschmutzung, gibt es doch in den verdreckten Gewässern der Str. von Malacca riesige Kolonien die quadratmeterweise abgestorbenes Riffgestein besiedeln.

Einige wenige Arten sind auch erfolgreich im Kampf gegen wuchernde Blattalgen und Sargassumtange. In den Riffen Kenyas, die von Hotelabwässern und durch den Massentourismus stark geschädigt sind, treten Scheibenanemonen neben verschiedenen Lederkorallen, besonders auch *Xenia*-Weichkorallen sowie Krustenanemonen als Massenbesiedlung toten Riffgesteins auf. In gut erhaltenen Korallenriffen mit mehr als 20 bis 30 verschiedenen Steinkorallen-Arten werden Scheibenanemonen, wenn sie überhaupt zu finden sind, auf Stellen beschränkt, die für die Riffbildner selbst nicht mehr besiedelbar sind.

Scheibenanemonen, die von den Exporteuren zumeist als „mushrooms on rock“ also „Pilze auf Gestein“ angeboten werden, gehören seit Mitte der 70er Jahre zu den beliebtesten festgewachsenen Blumentieren in unseren Riffbecken. Sie sind mit wenigen Ausnahmen haltbar, unempfindlich gegenüber Nitratwerten bis 10 ppm (manche auch noch darüber) und vermehren sich zur großen Freude der Aquarianer regelmäßig. Meine intensiven Beobachtungen dieser reizvollen Tiere im Riff und im Aquarium brachten mir manch neue Erkenntnis für die Gestaltung schöner Wirbellosen-Becken.

Alle bisher bekannten *Actinodiscus*-Arten sowie ihre größeren Verwandten der Gattung *Rhodactis* beherbergen in ihrem Gewebe symbiotische Algen. Mit ihren pflanzlichen Gästen können sie in unseren meist wesentlich nährstoffreicheren Aquarien bei ausreichender Beleuchtung (Einzelheiten werden bei den Tieren selbst besprochen) wochen- ja monatelang ohne Fütterung auskommen, ohne sich wesentlich zu verkleinern. In ihrem ganzen Verhalten gleichen diese Tiere mehr noch als andere Anthozoen Pflanzen, so daß der Ausdruck Tierpflanzen *Zoophyta* früherer Wissenschaftler durchaus seine Berechtigung gerade für diese Lebewesen hat. Dennoch sind es Tiere, die sich auch von fleischlicher Kost zusätzlich ernähren.

Wie bei den Steinkorallen und anderen Blumentieren werden nach meinen Untersuchungen vor allem auch organische im Wasser gelöste Stoffe über die gesamte Körperoberfläche aufgenommen. Eine gezielte Fütterung mit tierischem Ersatzplankton ist bei den tentakellosen Formen nicht möglich. Manche bilden zwar tütenartige Gebilde aus den meist kreisrunden Scheiben und nehmen dann allerlei winzige Futterbröckchen tierischer Herkunft auf, indem sie später eine oben offene Hohlkugel bilden, doch schleimen sie andererseits Feinfutter auch ein und transportieren es nicht zum Mundspalt, sondern zum Rand des Polypen. Nur die großen *Rhodactis*-Arten, die neuerdings in die Gattung *Discosoma* gestellt werden, können sich zu gierigen Fressern entwickeln, die ihre flachen Scheiben zu ballonartigen Hohlkugeln umbilden und darin sogar Fische und Krebstiere erbeuten. Doch darüber bei der Artbesprechung mehr.

Die meisten *Actinodiscus*-Arten bilden umfangreiche Kolonien einzelner Polypen, die aber nicht miteinander verwachsen sind. Die Tierstöcke entstehen ausschließlich durch vegetative Vermehrung, wie bei den anderen sechs- und achtstrahligen Blumentieren auch.

Verschiedene Arten der asexuellen Fortpflanzung konnten im Aquarium beobachtet werden. Die kleinpolypigeren *Actinodiscus*-Arten vermehren sich im wesentlichen durch Lazeration, einen Vorgang, den man auch bei den lästigen Glasrosen der Gattung *Aiptasia* immer wieder beobachten kann. Der Mutterpolyp löst dabei einen kleinen Teil seiner Fußscheibe vom Substrat und krümmt diesen Abschnitt wellig ein. Nach einigen Tagen verlängert und verbreitert sich der abgelöste Teil und legt sich mit dem Rand wieder dem Substrat, sauberem Riffgestein z. B., fest auf. Dann werden im Verlauf der folgenden Wochen kleine Stücke des festgewachsenen Randes abgeschnürt. Aus ihnen entstehen wenig später „Minipolypen", die erstaunlich rasch im Schutz des Mutterpolypen heranwachsen. Sobald sie eine Größe von etwa einem Zentimeter im Durchmesser erreicht haben, wandern sie ganz allmählich unter der großen Scheibe des Mutterpolypen hervor, um an das immer notwendiger werdende Licht zu gelangen.

Werden unter günstigen Aquarienbedingungen viele Sekundärpolypen auf die beschriebene Weise entwickelt, kann man auch beobachten, daß sich der große Mutterpolyp vom Substrat löst und im Wasser umhertreiben läßt, bis er sich an einer strömungsschwachen Stelle, meist auf dem Bodengrund, wieder festsetzt. Hier ist es günstig, im Aquarium kleine Bezirke mit grobem Korallenkies und -bruch zu schaffen, die noch ausreichend Licht erhalten, aber wenig Wasserbewegung aufweisen. Da kann man dann herrliche Gruppen einzelner großer Mutterpolypen der unterschiedlichsten Farben zusammenstellen, die wie Bild 52 und 53 zeigen, einen wunderschönen Anblick bieten.

Neben der Lazeration läßt sich noch eine zweite Art der Vermehrung besonders bei größeren *Rhodactis*-Arten beobachten. Dabei wird der Mutterpolyp längs durchgeteilt. Der Vorgang beginnt meist mit der Ausbildung einer statt kreisrunden ovalen Mundscheibe. Dann zieht sich der Mundspalt immer länger, bis er sich schließlich in zwei voneinander getrennte Öffnungen entwickelt. Zwischen beiden Mundöffnungen vollzieht sich anschließend die Längsteilung der Scheibe und des Stammes.

Bei der im Titelbild vorgestellten *Rhodactis*-Art bleiben die Einzelpolypen oft miteinander verbunden und bilden allmählich mäanderförmig gewundene Bänder. Ansonsten entstehen gerade bei *Rhodactis*-Arten zwei annähernd gleichgroße Polypen aus dem Muttertier.

Viele *Actinodiscus*-Arten des flachen Wassers bilden die schon mehrmals erwähnten UV-Schutzstoffe in irisierendem Türkis, Gelb bis Hellgrün aus. Oft sammeln sich diese Produkte, die wohl von den symbiotischen Algen erzeugt werden, in radiären Streifen oder fleckigen Mustern, wie die Bilder 58, 59, 64, 65 und 70 zeigen.

Diese Tiere leuchten besonders schön, wenn man blau strahlende Leuchtstoffröhren Philips TL 18 oder Thorn blue mitverwendet. Ganz geheimnisvoll strahlen die Tiere unter langwelligem UV-Licht, dem sog. Blacklight, wie Bild 59 zeigt.
Andere *Actinodiscus*-Arten, vor allem die leuchtend rötlichen und bläulichen Tiere, bilden nicht, wie ich früher einmal vermutet hatte, UV-Schutzstoffe aus. Ihre besondere Färbung ist auf Farbstoffe zurückzuführen, die wahrscheinlich ebenfalls von den symbiotischen Algen produziert werden, jedoch als sog. akzessorische Assimilationspigmente dazu dienen, mehr Licht einzufangen. Ich bin auf diese Erklärung aus zwei Gründen gestoßen. Zum einen hielten sich die blauen und roten Scheibenanemonen viel besser unter einer Beleuchtung mit Fluoreszenz-(Leuchtstoff-)röhren als unter HQI, unter dem sie nicht selten kümmerten. Zum anderen sah ich diese prächtigen Riffbewohner 1983 zum ersten Mal im natürlichen Lebensraum in sehr abgeschatteten Zonen. Dort wurde mir schlagartig klar, warum wir die blauen, roten, auch manche violetten Scheibenanemonen auf keinen Fall direkter HQI-Beleuchtung aussetzen dürfen.
Manchmal bleichen die sonst außerordentlich zähen Scheibenanemonen im Aquarium aus. Drei Ursachen sind hierfür im wesentlichen zu nennen: Bei lichthungrigen Flachwasserbewohnern zu wenig Beleuchtung, bei Tiefenwasserformen zu viel z. B. HQI-Licht und als wohl wesentlicher Faktor in der Mehrzahl der Fälle ein zu hoher Nitrat- und besonders Phosphatgehalt. Zu hohe Werte dieser beiden an sich lebensnotwendigen Nährstoffe liegen oft im verwendeten Leitungswasser vor. Sehr rasch steigt aber auch der Phosphatwert beim Einsatz der albernen großräumigen, mit allerlei Plastikkrempel gefüllten Rieselfilter. Während grober Korallenkies einen großen Anteil der durch die Bakterien (Mineralisation) gebildeten Phosphate in nahezu unlösliche Verbindungen überführt, werden die an Plastik-Füllkörpern gebildeten Nährstoffe Nitrat und Phosphat ungehindert ins Aquarium gespült. Dadurch kommt es nicht nur zu einer allmählichen Verringerung der Pufferkapazität oder Alkalireserve des Seewassers, denn schließlich werden zwei Säuren, Salpeter- und Phosphorsäure gebildet, die statt am Korallenkies neutralisiert zu werden die Alkalireserve aufbrauchen, sondern auch zu einem so unliebsamen Anstieg dieser Stoffe, daß viele Blumentiere früher oder später geschädigt werden. Auch für die erfolgreiche Kultur und Vermehrung der Scheibenanemonen ist ein Abschäumer, der den Dreck vor der bakteriellen Zersetzung teilweise entfernt, sehr wichtig.
Da der Aquarianer weder Phosphat noch Nitrat in den für Blumentiere schon schädlichen Konzentrationen genau genug ausmessen kann – die in der Aquaristik üblichen Meßverfahren sind dazu viel zu ungenau, wie das auch für die Bestimmung des gelösten Eisens gilt –, ist er gut beraten, das Aquarium für festsitzende Blumentiere zwei bis drei Monate lang mit Blattalgen der Gattung Caulerpa durchwuchern zu lassen, bevor empfindlichere Korallentiere eingesetzt werden. Die Algen sind regelmäßig abzuernten. Allmählich nach der angegebe-

nen Zeit schränkt man die Algenbestände auf geringe, nicht störende Reste ein und beläßt sie nur in einer abgetrennten Algenkammer in größerer Menge. Dies ist allen Erfahrungen zufolge die beste Möglichkeit mit den unliebsamen oben genannten Substanzen fertigzuwerden. Entschäumung hilft dann wieder, die von den Algen ins Wasser abgegebenen stickstoff- und phosphorhaltigen organischen Stoffe im Schaum zu entfernen, bevor sie dem bakteriellen Abbau zugeführt werden.

Man lasse sich auch nicht durch die albernen, durch keinerlei exakte Messungen (unter Laborbedingungen natürlich) getrübten Ratschläge sog. moderner Meeresaquarianer verwirren, daß bei wenigen Fischen und vielen Blumentieren keine Nitrate und Phosphate mehr anfielen. Die Nitrate werden bei vernünftiger biologischer Denitrifikation zum größten Teil abgebaut. Die Phosphate, die aus der Fütterung auch nur weniger Fische stammen, können in den eng begrenzten Verhältnissen eines Meerwasseraquariums auf keinen Fall völlig von den symbiotischen Algen der Blumentiere oder höheren Meeresalgen verwertet werden. Ihre Menge steigt ohne sinnvolle Entschäumung ständig zu dann schädlichen Konzentrationen. Schließlich werden ja neben Fischen auch noch Krebstiere, Muscheln, Röhrenwürmer, Seeigel sowie Schlangen- und Seesterne im Riffaquarium gepflegt, die alle gefüttert werden müssen und mit ihren Exkrementen ebenfalls Nitrate und Phosphate als Endprodukte komplizierter bakterieller Ab- und Umbauprozesse erzeugen.

Wir müssen uns über ein im Grunde genommen ganz einfaches Grundprinzip jeglicher biologischer Filterung im klaren sein. Das je nach Tierbesatz unterschiedlich hoch mit gelösten organischen Abfallstoffen belastete Aquarienwasser wird auf die Dauer nicht besser, wenn es immer wieder über den gleichen angesammelten Schmutz gepumpt wird. Daher ist schon der Ratschlag, mechanische Vorfilter nicht mehr zu reinigen, da sie früher oder später auch als biologische Filter wirken, was selbstverständlich stimmt, an Schwachsinn nicht mehr zu überbieten. Das gleiche gilt natürlich auch für die Ozonisierung mit der in glücklicherweise seltenen Fällen, Matten- und Flächenfilter so adrett sauber gehalten werden. Auch hier werden von keinerlei Sachkenntnis über biologisch-chemische Abbau-Vorgänge getrübte, angeblich jedoch praxisnahe Ratschläge erteilt, durch die sichtbarer Dreck in unsichtbaren verwandelt wird. Schon einer der Altmeister biologisch-aquaristischer Forschung, Guido Hückstedt, verglich diese Ratschläge mit der Arbeit jener Hausfrau, die den Dreck unter den Teppich kehrt, damit man ihn nicht sieht. Es ist erstaunlich, daß sich dieses Wissen bei einigen „modernen Fachleuten" nicht durchsetzt. Über die Wirksamkeit unterschiedlicher biologischer Filterverfahren kann man gewiß streiten, über den hohen Wert sinnvoller, d. h. den Aquarienverhältnissen angepaßter Entschäumer gibt es für mich keinen Zweifel. Eine wirklich moderne Aquarientechnik, wie sie mit der Einführung der Halogen-Metalldampflampen HQI für das Riffaquarium mit festsitzenden Blumentieren trotz einiger Pannen auf dem Beleuch-

tungs-Sektor zu finden ist, sehe ich im Bereich der biologischen Filterung nicht. Alles, was auf diesem Gebiet an Neuerungen angeboten wird, mag zwar „modern“ aussehen, ist es aber bei näherer Betrachtung nicht.
Kehren wir nach diesem kurzen Ausflug in das technische und biologische Umfeld unserer Blumentiere zu den Scheibenanemonen zurück.
Im Gegensatz zu vielen anderen sessilen Rifflebewesen mögen *Actinodiscus* und *Rhodactis*-Arten keine starke Strömung. Im Riff trifft man sie überwiegend an geschützten Standorten an. Wichtig ist aber auch für diese Tiergruppe eine ständige, nur von kurzen Ruhepausen unterbrochene schwache bis mäßige Wasserbewegung.
Mit den Scheibenanemonen können wir also sehr schön jene Abschnitte in der Dekoration und auf dem Bodengrund unserer Aquarien besetzen, die nur mäßig von der Strömung erfaßt werden.
Über die Abwehrmechanismen der Falschen Korallen, Nesselgifte, Verdauungssekrete und dergleichen mehr habe ich mich in den letzten 10 Jahren eines Besseren belehren lassen müssen. Anfangs durch mangelnde Erfahrung und geringes Tierangebot begründet nahm ich an, die Scheibenanemonen verfügten nur über geringe Nesselgifte u. a. Inzwischen weiß ich aber, daß diese Lebewesen gar nicht so hilflos gegenüber anderen Blumentieren sind. Die meisten Scheibenanemonen können sich mit ihren Abwehrsubstanzen andere Blumentiere, z. B. Krustenanemonen, die polypentragenden Teile von Leder- und Weichkorallen und viele kleinpolypige Steinkorallen durchaus „vom Leibe halten“. Das gilt besonders dann, wenn sie die anderen Anthozoen direkt berühren.
Ich war äußerst erstaunt, als ich zum erstenmal sah, daß viele Scheibenanemonen sogar gegenüber der starken Nesselfähigkeit der unliebsamen Glasrosen oder Aiptasien, die bekanntlich viele andere Blumentiere schädigen, resistent sind. Auch das Gift von Zylinderrosen (mit denen man diese Tiere nicht unbedingt zusammenhalten sollte) wird ertragen. Nur die Blasenkoralle und einige *Euphyllia*-Arten scheinen nach bisherigen Beobachtungen stärker zu sein als die Scheibenanemonen. Mich hat dies alles um so mehr gewundert, da viele Arten der Falschen Korallen ja keine Tentakeln besitzen, also aktiv keine tierischen Planktonorganismen erbeuten können. Dennoch scheint die Natur sie mit Abwehrstoffen ausgestattet zu haben, die es ihnen erlauben, im lautlosen Kampf um Siedlungsraum im Riff zu überleben.
Bei kleineren Riffaquarien unter 300 l müssen wir auch aufpassen, daß wir nicht zu viele Scheibenanemonen mit Lederkorallen z. B. oder anderen Blumentieren vergesellschaften. Überwiegt eine Tiergruppe in unseren Becken, so stellten sie sich, ähnlich den verschiedenen höheren Meeresalgen, mit ihren ins Wasser abgegebenen körpereigenen Substanzen ein Milieu her, das andere Blumentiere langfristig schädigt. Wir können auch hier mit guter Entschäumung und Langzeitfilterung über die hochadsorptive Aktivkohle „Hydrocarbon“ das Wasser von diesen verschiedenen Nesselgiften und Abwehrsekreten reinigen.

Bild 50: Scheibenanemonen, braun, *Actinodiscus* spec.

Bild 51: Scheibenanemonen *Actinodiscus* spec.

Braune Scheibenanemone *Actinodiscus* spec. *(malaccensis)* Bild 50

Die hell- bis beigebraune, oft auch grau-grün gefärbte Malacca-Scheibenanemone gehörte bis etwa 1978 zu den häufigsten importierten Vertretern ihrer Gattung. Das ist nicht verwunderlich, gibt es doch an der Westküste Malaysias, der Nordwestküste Sumatras und selbst im äußeren Hafenbereich Singapurs kaum eine der kleinen, unbewohnten Riffinseln, die diese Art nicht aufweist. Im Riffwatt der zumeist stark geschädigten Inseln und auf Hartgrund in nicht zu tiefem Wasser siedeln diese Scheibenanemonen in oft quadratmetergroßen Kolonien. Die unterschiedliche Färbung der Tiere hängt im wesentlichen mit ihrer Tiefenverbreitung zusammen. Graugrüne oft irisierende Exemplare bevölkern die Ebbetümpel strömungsarmer Stellen, die beige bis hellbraunen tieferes Wasser bis ca. 10 m.
Im Aquarium hält sich diese Scheibenanemone sehr gut, doch bleichen Flachwasserformen unter zu geringem Licht oft aus. Die Tiere vermehren sich reich, so daß aus einem Lebewesen 4 bis 10 Tochterindividuen im Jahr entwickelt werden können. Mindestens 5 Leuchtstoffröhren oder stundenweises HQI-Licht sowie schwache bis mäßig starke Strömungsverhältnisse benötigen sie zum Wohlbefinden.
Gefüttert wird zweimal wöchentlich mit feinem Ersatzplankton. Eine gezielte Futtergabe mit einem Rohr ist nicht nötig.
Diese Scheibenanemone kann sehr gut mit allerlei kleinen Fischen und Garnelen sowie anderen freibeweglichen Wirbellosen zusammengepflegt werden.

Farbwechselnde Scheibenanemone *Actinodiscus* spec. *(mutabilis),* Bild 51

Diese hübsche Art, die, in ständig wechselnden Farben, viel seltener als die vorige eingeführt wird, fand ich von Sri Lanka bis in die Zentrale Javasee. Auch von Mauritius und den Philippinen kommt sie manchmal zu uns. Die mit kurzen Noppen gezierten Scheiben sind meist hell bis düster braun, oft grünlich gefleckt und mit irisierenden Rändern. Diese Scheibenanemone siedelt in tieferem Wasser ab etwa 10 m und lebt oft mit Krustenanemonen der Gattung *Palythoa* vergesellschaftet, die nur bei direkter Berührung vernesselt werden. Auch sie hält und vermehrt sich im Aquarium gut, doch setze man sie nicht unmittelbar unter HQI-Licht, das sie erst nach vorsichtiger Anpassung verträgt. Ein oder zwei „Blaustrahler“ bringen ihre Eigenfärbung besonders gut zur Geltung. Unter langwelligem UV-Licht fluoresziert sie herrlich, doch bestrahle man sie mit diesem energiereichen Licht höchstens eine Stunde pro Tag, am besten nach Abschalten der Aquarienbeleuchtung.
Ansonsten gleicht die Art in ihren Pflegeansprüchen der vorigen, mit der sie auch dicht zusammengehalten werden darf. Fast alle Lederkorallen und die meisten Steinkorallen werden bei unmittelbarer Berührung geschädigt.

Verschiedene bunte Scheibenanemonen *Actinodiscus* spec., Bild 52 und 53

Wie schon kurz erwähnt, lösen sich alle Arten von Scheibenanemonen manchmal vom Substrat. Zu starker Fadenalgenwuchs, zu kräftige Strömung, ungünstige Lichtverhältnisse oder auch eine intensive Vermehrung können die Ursache hierfür sein.
Abgelöste Scheibenanemonen gehen jedoch nur dann verloren, wenn sie so ungünstig in die Dekoration verfrachtet werden, daß sie aus eigener Kraft kein beleuchtetes algenfreies Substrat mehr erreichen.
Man sammele die Tiere und lege sie an strömungsarmen Stellen, am besten auf dem Bodengrund auf grobem Korallenkies und -bruch zusammen, so daß sie noch ausreichend beleuchtet werden. Innerhalb weniger Tage setzen sie sich wieder fest und bilden dann so farbschöne Gruppierungen, wie die Bilder es zeigen.
Merkt man, daß einzelne Individuen zu groß werden, kann man sie leicht aus der Menge entfernen und in der Dekoration neu plazieren. Dabei achte man jedoch auf in etwa gleiche Licht- und Strömungsverhältnisse, sonst lösen sich die Tiere wieder freiwillig.
Es ist nicht leicht bzw. fast unmöglich, gut festgewachsene Scheibenanemonen von ihrem Substrat zu trennen. Man versuche es daher gar nicht erst. Andererseits sind die meisten Arten so zählebig, daß selbst größere Verletzungen der Scheibe ohne Schwierigkeiten ausgeheilt werden. Aus abgerissenen oder zerquetschten Resten entwickeln sich unter guten Licht- und Wasserverhältnissen schnell neue Individuen.
Scheibenanemonen pflege man grundsätzlich nicht mit Garnelen aus den Gattungen *Saron* (Marmorgarnelen) und *Rhynchocinetes* (Buckel- oder Tanzgarnelen) zusammen. Diese Krebse vergreifen sich regelmäßig an den Blumentieren, die sie nicht selten zerfetzen und auffressen. Die Korallen- und Putzergarnelen der Gattungen *Stenopus* und *Lysmata,* sowie Säge- und Steingarnelen der Gattung *Palaemon* vergreifen sich nicht an den Blumentieren. Auch ganz kleine Einsiedlerkrebse, die kurze Fadenalgen hervorragend vertilgen, sind für alle Scheibenanemonen geeignet. Größere Einsiedler können jedoch schon wegen ihrer spitzen Schreitbeine und kräftigen Scheren gefährlich werden.
An Fischen wähle man möglichst kleinbleibende Arten aus. Riffbarsche und Anemonenfische, Zwerg- und Feebarsche, Fahnen- und Kardinalbarsche, der Brunnenbauer, Schläfer- und kleine Bodengrundeln sowie alle Leierfischarten der Gattung *Synchiropus* (Mandarinfische) vertragen sich bestens mit den schönen Blumentieren. Auch mit den Doktorfischen, solange sie nicht zu groß werden, gibt es im allgemeinen keine Schwierigkeiten, während Zwergkaiser der Gattung *Centropyge* immer wieder einmal, individuell verschieden, an den Scheibenanemonen herumpicken.
Größter Feind der hübschen Lebewesen sind leider immer noch Fadenalgen.

Bild 52: Bunte Scheibenanemonen *Actinodiscus* spec.

Bild 53: Bunte Scheibenanemonen *Actinodiscus* spec.

Bild 54: Rotbraune Scheibenanemonen *Actinodiscus* spec.

Bild 55: Rote Scheibenanemonen *Actinodiscus* spec.

Rotbraune Scheibenanemone *Actinodiscus* spec. *(ferrugatus),* Bild 54

Diese hübsche rotbraune bis rostrote Scheibenanemone fand ich vereinzelt im Vorriffbereich der Insel Mauritius, an den Küsten Ostafrikas in Sri Lanka und sehr häufig in der Inselwelt Indonesiens, besonders um Sumatra. Die Blumentiere bilden nicht so umfangreiche Kolonien, oft finden sich nur 5 bis 10 Einzelindividuen zusammen. Hauptausfuhrgebiet dürfte Indonesien sein.
Im Riff leben die Tiere in Wassertiefen um 10 Meter. Im oberflächennahen Bereich siedeln sie mehr an leicht abgeschatteten Stellen. Wir dürfen sie im Aquarium nie sofort direktem HQI-Licht aussetzen, vor allem nicht, wenn diese Strahler allein zur Beleuchtung eingesetzt werden und dann meist 12 Stunden brennen. Wie ihre Verwandten mag auch diese Art keine ständige starke Strömung. Sehr gut hält und vermehrt sie sich, wenn sie allseits schwach vom Wasser umspült wird.
Im Aquarium werden die in der Natur um 4 bis 5 cm breiten Tiere rasch größer und erreichen schon bei einer Beleuchtung mit nur 3 Röhren (z. B. 2mal tagweiß, 1mal blau) nach einem halben Jahr einen Durchmesser von 10 cm und mehr.
Größere Einzeltiere vermehren sich leicht und schnüren ständig Jungtiere von der Fußscheibe her ab. Die Mutterpolypen lösen sich bei umfangreicheren Kolonien oft vom Substrat und können dann an einer anderen Stelle im Aquarium angesiedelt werden. Wie die Mehrzahl der Arten nimmt auch diese Scheibenanemone überwiegend gelöste organische Stoffe aus dem Wasser und bezieht den größten Teil ihrer Lebensenergie aus der Symbiose mit den Zooxanthellen.

Rötlich fluoreszierende Scheibenanemone *Actinodiscus* spec. *(ruber),* Bild 55

Im tieferen Vorriffbereich der 1 000 Inseln“ in der zentralen Javasee ab 15 m entdeckte ich 1983 zum ersten Mal diese prächtige Art vereinzelt an strömungsschwachen Stellen. Rosafarben bis kräftiger rötlich fluoresziert diese Scheibenanemone oft beim Auftreffen längerwelligen UV-Lichtes. In Indonesien bezeichnet man sie im allgemeinen als „mushroom metalic red“, was sehr schön den metallischen Glanz der Tiere ausdrückt.
Auch diese Art darf im Aquarium auf keinen Fall sofort unter HQI-Licht gebracht werden, wo sie sich so zusammenziehen würde, daß von der Pracht der Tiere nichts mehr zu sehen wäre. Ihrem natürlichen Vorkommen entsprechend bringen wir diese Blumentiere bei HQI-Bestrahlung in der Nähe des Bodengrundes leicht abgeschattet unter. Hervorragend hält sie sich in den Becken, in denen der Halogen-Metalldampfstrahler nur 4 bis 6 Stunden am Tag brennt und als Zusatzbeleuchtung Philips TL 18 oder Thorn blue, also die Blaustrahler mit eingesetzt werden.
Unter günstigen Lichtverhältnissen vermehrt sich auch diese Art gut.

Genoppte Scheibenanemone *Actinodiscus nummiferus* (Leuckart), Bild 56

Die Genoppte Scheibenanemone fand ich im Riff in annähernd den gleichen Gebieten wie die vorige. Sie ist jedoch häufiger und wird daher auch regelmäßig angeboten. Die Farbpalette reicht von hellrosa über rötlichbraun bis zu einem düsteren Violett. Die helleren Formen siedeln in Tiefen um 10 m oft abgeschattet unter Überhängen im Vorriff. Die dunkleren finden sich häufig im Flachwasserbereich. Die Art fluoresziert, wenn überhaupt, nur ganz wenig.
Actinodiscus nummiferus sollte im Aquarium ähnlich untergebracht und gepflegt werden wie die vorigen. Das Bild zeigt sehr schön, wie heranwachsende Einzelindividuen, hier der Mutterpolyp, andere Blumentiere bei direkter Berührung schädigt. Deutlich ist zu erkennen, daß eine in einer Riffspalte untergebrachte Kelchkoralle *Tubastrea coccinea* vernesselt wird, die Polypen der Steinkoralle sind an der Kontaktstelle eingezogen. Auch die kleine Lederkoralle *Sarcophyton* spec. wurde von der Scheibenanemone im Laufe der Zeit überdeckt und zerfiel. Von einer Steinkoralle *Turbinaria* spec., links, deren Polypen voll entfaltet sind, wird dagegen die *Actinodiscus* zurückgedrängt, was an der lappigen Einfaltung und Schrumpfung der Scheibe gut zu beobachten ist.
Actinodiscus nummiferus kann mit winzigen Futterbrocken direkt ernährt werden. Sie bildet oft tütenartige bis halbkugelige Formen aus, die sich dann über der Nahrung zusammenfalten. Der Mundspalt wird weit geöffnet und ein Teil der Mesenterien („Magenfalten") werden herausgestülpt. Das Futter wird dann außerhalb des Magens verdaut.

Leuchtend Rote Scheibenanemone *Actinodiscus* spec. *(cardinalis),* Bild 57

Diese wunderschöne, tiefrote Scheibenanemone gehört zu den kostbaren und seltenen Juwelen ihrer Gattung. Nur vereinzelt einmal fand ich so prächtige Tiere im tiefen Riffbereich der Zentralen Javasee unter Überhängen wunderschöner, intakter Steinkorallenriffe. Importiert werden die bis heute äußerst seltenen Tiere hin und wieder aus Indonesien und den Philippinen. Nach Aussagen von Tauchern sollen sie in den Riffen der Sulu-See zwischen Borneo (Kalimantan) und den Philippinen sowie der Celebes-See häufiger anzutreffen sein.
Die tiefrote Färbung der bisher nur als Einzeltiere eingeführten Art ist zweifellos auf sog. akzessorische Assimilationspigmente der symbiotischen Algen zurückzuführen, die den hohen Blauanteil im Lichtspektrum ihres natürlichen Lebensraumes ähnlich wie die Rotalgen besser ausnützen.
Im Aquarium dürfen die seltenen Tiere, wie ich durch einige Versuche feststellen konnte, nie unmittelbarem HQI-Licht ausgesetzt werden. Sie schrumpfen sofort zusammen. Am besten pflegt man sie unter den gleichen Bedingungen wie die anderen rötlich gefärbten Arten. Blaustrahler wirken sich besonders günstig auf diese herrlichen Tiere aus.

Bild 56: Scheibenanemone *Actinodiscus nummiformis*

Bild 57: Rote Scheibenanemone *Actinodiscus* spec.

Bild 58: Scheibenanemonen, marmoriert unter HQI-Licht

Bild 59: Scheibenanemonen, marmoriert unter UV-Licht

Marmorierte Scheibenanemone *Actinodiscus* spec. *(marmoratus),* Bild 58, 59

Wesentlich häufiger, aber auch nicht in Mengen wird die Marmorierte Scheibenanemone (green marble mushroom on rock) eingeführt. Ich fand sie vereinzelt in Kolonien mit 20 bis 40 Einzeltieren an koralligen Felsküsten Sumatras und im Vorriff der Inseln in der Java- und Floressee. Auch von den Philippinen kommen manchmal marmorierte Tiere zu uns. Die Art siedelt oft schon im Flachwasser ab 5 m Tiefe, immer an strömungsschwachen Orten.
Direktes HQI-Licht wird nicht vertragen, hier gleicht sie ihren rötlichen Verwandten. Sehr schön entfalten sich die Einzelpolypen, wenn man die Stöcke 40 bis 50 cm unter der Wasseroberfläche in der Dekoration plaziert und 1 bis 2 Blaustrahler mit verwendet. Besser als bei anderen Scheibenanemonen kann man bei dieser Art erkennen, ob die Lichtverhältnisse günstig für sie sind. Stehen die Tiere zu hell, schrumpfen sie zusammen, stehen sie zu dunkel, bilden sie tütenartige Formen aus, und bei zusagender Bestrahlung legen sie ihre Scheiben dem Substrat flach auf.
Gefüttert werden auch die Marmorierten Scheibenanemonen nur etwa zweimal wöchentlich mit feinster tierischer Nahrung. Sehr gut geeignet sind tiefgefrorene Bosmiden, die sich im Seewasser rasch auflösen und kolloidale und semikolloidale organische Substanzen freisetzen, die von den Lebewesen über die gesamte Körperoberfläche aufgenommen werden. Das gleiche gilt für Flüssigfutter, etwa „Liquifry Marin". Allen Blumentieren reiche man ebenfalls zweimal wöchentlich vitaminisierte Nahrung. Dazu eignen sich gefriergetrockente Futterstoffe am besten. Sie weiche man statt in Seewasser in einigen Tropfen einer handelsüblichen Vitaminlösung ein. Für alle Meerestiere hat sich eine Vitaminlösung der „Vetyl-Chemie", die speziell für Haus- und Nutztiere entwickelt wurde, bestens bewährt. Wendet man dazu noch die Wirkstofflösung „CombiSan" mit ihren auf die symbiotischen Algen abgestimmten organisch gebundenen Spurenelementen regelmäßig an, bleibt die Farbkraft der Tiere jahrzehntelang erhalten. Die hier im Bild vorgestellte Kolonie der Marmorierten Scheibenanemonen wird seit 8 Jahren bei guter Vermehrung im Riffbecken gepflegt.
Wie Bild 59 zeigt, verfügt die Art über UV-Schutzstoffe und akzessorische Assimilationspigmente, die unter langwelligem UV-Licht (Blacklight) geheimnisvoll strahlen. Viele Aquarianer haben inzwischen Versuche mit diesem energiereichen Licht angestellt, so daß wir nun wissen, wie die Spezialstrahler am sinnvollsten eingesetzt werden. Es müssen Leichtstoffröhren mit einem besonderen Schwarzglaskolben benutzt werden. Ihr Licht dient ausschließlich zur Anregung fluoreszierender Stoffe, d. h. Substanzen, die unsichtbares Licht im UV-A-Bereich in sichtbare, irisierende Strahlung umwandeln. Auf keinen Fall dürfen Leuchtstoffröhren, wie das verschiedentlich gemacht wurde, aus Solarien verwendet werden. Diese der künstlichen Bräunung dienenden Strahler geben UV-Licht auch in der B-Wellenlänge ab, die für unsere Tiere sehr schädlich ist.

Leuchtend Blaue Scheibenanemone *Actinodiscus* spec. *(coeruleus)*, Bild 60, 61

Die leuchtend blauen Scheibenanemonen werden erst seit 1980 regelmäßiger eingeführt. Die Exporteure bezeichnen sie in der Regel als „mushroom metalic blue“.
Die Mehrzahl stammt aus der Inselwelt Indonesiens. Die einheimischen Sammler hüten die Standorte dieser prächtigen Lebewesen wie ihren Augapfel, erzielen sie doch mit ihnen bessere Erlöse als mit den gängigen Arten. So konnte ich erst nach wiederholten Besuchen einiger Fänger, deren Vertrauen ich allmählich gewonnen hatte, den natürlichen Siedlungsraum beobachten.
Blaue Scheibenanemonen und farbähnliche Arten leben im Riff mit am tiefsten. Bis 20 m und mehr mußte ich oft hinabtauchen, bis die ersten blau strahlenden Scheiben sichtbar wurden. Ihr Hauptverbreitungsgebiet dürfte danach in der „Grünzone“ zwischen 20 und 40 m etwa liegen.
In flacherem Wasser finden sich die Tiere fast nur unter gut abgeschatteten Überhängen und sind viel seltener anzutreffen.
Unmittelbares HQI-Licht vertragen die blauen *Actinodiscus* nie. Sie schrumpfen zusammen und gewöhnen sich erst nach Wochen an das intensive Licht. So bringe man die Kolonien im Aquarium immer am Bodengrund, möglichst noch leicht abgeschattet oder schräg zum Hauptlichteinfall stehend unter. Wunderschön entfalten sich die „Blauen“, wenn nur wie bei den „Roten“ 4 bis 6 Stunden lang HQI-Licht brennt und dazu 2 blaue Leuchtstoffröhren mit eingesetzt werden, um eine zwölfstündige Beleuchtungsdauer zu erreichen. Einfach zu halten sind die blauen Scheibenanemonen unter 4 bis 6 Leuchtstoffröhren, darunter 1 bis 2 blaue.
Bild 61 zeigt nicht etwa eine andere Art blau gefärbter Tiere, sondern eine Kolonie, die unter Quecksilberhochdruck-Dampflampen gepflegt wurde. HQL- und HQR-Strahler sollten, wenn überhaupt, nur zusammen mit blauen Leuchtstoffröhren verwendet werden. Sie bieten zu viel Licht im Rot-, Orange- und Gelbspektrum, das zwar das Wachstum von Blattrotalgen fördert, oft jedoch auch die unliebsamen roten Schmieralgen (Bakterienalgen) zur „Blüte“ bringt.
Die blauen Scheibenanemonen vermehren sich unter günstigem Licht ebenfalls hervorragend, meist durch Lazeration. So konnten die nicht gerade in großen Mengen importierten Tiere durch Tausch bei vielen Aquarianern verbreitet werden, ein für mich erfreuliches Zeichen freundschaftlicher Beziehungen unter den Seetier-Liebhabern.
Bei der Vermehrung der blauen Scheibenanemonen konnte ich in den letzten 8 Jahren einige interessante Verhaltensweisen beobachten. So wurden die Tiere unter Leuchtstoffröhren wie oben beschrieben mit Durchmessern von 12 cm und mehr wesentlich größer als in der Natur mit um 4 cm. Ein großer Mutterpolyp lazeriert dann 15 bis 25 Jungtiere pro Jahr von der Fußscheibe. Dabei werden die Tierstöcke „dünner“ in der Besiedlung, weil sich zu große Individuen regelmä-

Bild 60: Blaue Scheibenanemonen bei zusätzl. UV-Licht

Bild 61: Blaue Scheibenanemonen unter HQL-Licht

Bild 62: Blau-violette Scheibenanemonen unter UV-Licht

Bild 63: Scheibenanemonen unter Thorn blue und HQI

ßig ablösen. Unter HQI-Licht bleiben die Tierstöcke dichter, vermehren sich aber nie so stark. Lichtstärke und -zusammensetzung scheinen also die Vermehrung zu beeinflussen.
Bild 62 zeigt uns blaue und rötlich-violette Scheibenanemonen in farbfreudiger Gemeinschaft. Hier können wir, wie schon bei einigen vorgestellten anderen Arten, sehr schön beobachten, daß sich die einzelnen unterschiedlich gefärbten Tiere untereinander bestens vertragen. Wir können sie problemlos dicht zusammenhalten, obwohl dies in der Natur bei sehr unterschiedlichen Standorten selten der Fall ist. Gewiß werden immer wieder einmal größere Kolonien importiert, auf denen 2 bis 3 unterschiedlich gefärbte Arten zusammenhausen. In der Regel kommen die Tierstöcke jedoch mit streng getrennten Arten zu uns.
Es ist auch nicht sicher, ob die bunt gemischten Kolonien nicht bei den Exporteuren entstanden sind und in ihren natürlichen Lebensräumen so gar nicht anzutreffen sind. Besonders in Indonesien sah ich mehrmals, daß abgelöste Scheibenanemonen unterschiedlicher Arten sehr sorgfältig gesammelt und in Becken mit grobem Korallengeäst und -bruch gegeben werden, wo sie sich rasch in farbfreudigem Durcheinander festsetzen. Die violetten bis weinroten Formen in Bild 62 fand ich im Riff nie. Diese oft irisierenden Farben dürften durch die Blaustrahler unter den Leuchtstoffröhren verursacht werden, die rote Töne in blaurote Mischfarben verwandeln.
Die spektrale Verteilung des künstlichen Lichtes in den vielen unterschiedlichen Aquarienbeleuchtungen führt ja oft zu ganz erstaunlichen Farbveränderungen bei den Scheibenanemonen und auch anderen Blumentieren. Das gilt natürlich ganz besonders für alle Lebewesen mit UV-Schutzstoffen und akzessorischen Assimilationspigmenten. Wer kennt nicht den Effekt, daß eine irisierende Riffmuschel der Gattung *Tridacna* durch die Aquarienscheibe betrachtet, ganz andere Farben zeigt als von oben. Ähnlich verhält es sich auch mit unseren fluoreszierenden Scheibenanemonen, deren einzelne Farben sich ebenfalls unter gleicher Beleuchtung verändern, je nachdem wie der Betrachter ins Becken blickt oder die Tiere zum Beobachter hin plaziert werden.
Bild 63 zeigt uns eine blaue Art Scheibenanemonen, die in sich nochmal radiär gestreift ist. Dieser von mir als „coeruleo-striatus" bezeichneten Form begegnet man im Riff noch seltener. Wenige Kolonien fand ich auf intakten Korallenriffen im Vorriffbereich in der südchinesischen See östlich von Malaysia, in Tiefen unter 15 m oder in abgeschatteten Überhängen.
Diese prächtige Art sieht fast wie eine Kreuzung zwischen der folgenden grün gestreiften und der blauen aus. Es ist ja durchaus denkbar, daß sich Samen- und Eizellen beider Formen vereinigen können und dabei das herauskommt, was allgemein als „Hybride" bezeichnet wird. Für den Aquarianer ergibt sich damit ein interessantes Forschungsgebiet, wenn es gelingt, verschiedene Scheibenanemonen im Aquarium zur geschlechtlichen Fortpflanzung zu bringen. Bastardisierungen möchte ich nach eigenen Beobachtungen nicht ausschließen.

Gestreifte Scheibenanemone *Actinodiscus* spec. *(striatus)*, Bild 64 und 65

Die Gestreifte Scheibenanemone ist viel häufiger im Riff anzutreffen als die bisher vorgestellten bunten Arten. Sie scheint nach den Importen im gesamten Indo-Australischen Raum vorzukommen und auch in Sri Lanka beheimatet zu sein. Ich fand sie häufig in der Str. von Malacca, im südchinesischen Meer und in der Zentralen Javasee auf Hartböden in mittleren Tiefen um 10 m. Während die roten und blauen Vertreter der *Actinodiscidae* mehrheitlich in algenlosen Biotopen auftreten, kann die gestreifte Art auch noch zwischen verschiedenen Blattalgen gedeihen. Dennoch ist auch sie, wie alle ihre Verwandten, gegenüber Fadenalgen äußerst empfindlich. Die Tiere lösen sich ab, wenn sie von den Fäden umwuchert werden. Auch die Kriechsprosse aller Blattalgen der Gattung *Caulerpa* stören Scheibenanemonen empfindlich und verursachen immer wieder einen Rückgang ursprünglich schöner Kolonien, weil die Blumentiere dann das Substrat freiwillig verlassen. Inwieweit hier auch Algenexkrete, organische Substanzen also, die von den Meerespflanzen zum Schutz ins Wasser abgegeben werden, eine Rolle spielen, bleibt zu untersuchen. Ich konnte jedenfalls immer wieder beobachten, daß die verschiedenen Arten der inzwischen eingeführten Scheibenanemonen unterschiedlich auf heranwachsende Algen reagieren und am stärksten von den fädigen Formen beeinträchtigt werden. Braunalgen der Gattung *Sargassum* oder buschig wachsende Blattrotalgen, die ja bekanntlich viel langsamer in unseren Aquarien wachsen, schädigen die Scheibenanemonen nur bei sehr dichtem Wuchs. Sie bilden ja auch nicht jene wuchernden Kriechsprosse aus, wie wir sie bei *Caulerpa*-Algen antreffen.

Die grün gestreiften *Actinodiscus* kommen in verschiedenen Farbtönen vor. Die fluoreszierend leuchtenden Streifen sind je nach Tiefenverbreitung mehr oder minder prächtig ausgeprägt. Am schönsten sind sie bei Kolonien, die aus der Zentralen Javasee oder den Südküsten Sumatras stammen, wo diese Art in sehr sauberem Wasser im Vorriff zu finden ist. Düster grau-grün dagegen sind die Stöcke aus der Str. von Malacca, wo sie in mehrheitlich zerstörten Riffen in oft trübem Wasser siedeln. Hier scheinen nach meinen Untersuchungen die Eigenfärbungen symbiotischer Algen (die Menge an Zooxanthellen pro cm^3 Gewebe ist doppelt bis dreimal so hoch wie bei den leuchtend grün gefärbten Exemplaren) die durch UV-Schutzstoffe und akzessorische Assimilationspigmente bestimmte Gewebefärbung zu überlagern. Etwas Ähnliches kann man ja auch bei den roten und blauen Scheibenanemonen beobachten, wenn diese sich stärkerem Licht angepaßt haben. Auch hier „verdüstern“ die beigebraunen symbiotischen Algen die ursprüngliche Färbung der Tiere.

Durch Lichtversuche ist es mir auch gelungen, aus grau- bis beigegrün gestreiften Kolonien, allmählich unter schwachen Lichtverhältnissen mit einem hohen Anteil an Blaulicht kräftig grün gefärbte Tiere zu erzeugen.

Die grün gestreifte Scheibenanemone halte man wie die vorigen Arten.

Bild 64: Scheibenanemonen, grün gestreift

Bild 65: Scheibenanemone, Einzeltier

Bild 66: Scheibenanemonen, gepunktet

Bild 67: Scheibenanemone, gepunktet, Einzeltier

Gepunktete Scheibenanemone *Actinodiscus* spec. *(punctatus)*, Bild 66 und 67

Sehr selten einmal entdeckt man unter den Importen diese hübsche gepunktete Art. Die Kolonien umfassen oft nur wenige Einzelpolypen, ja meist werden nur Dreier- bis Fünfergruppen eingeführt.
Im Gebiet der blauen und roten Scheibenanemonen in der Zentralen Javasee konnte ich eine kleine Tiergruppe nur ein einziges Mal entdecken. Ich fand sie in der Nähe einer größeren Ansammlung bläulicher Scheibenanemonen unter einem Riffvorsprung in ca. 6 m Wassertiefe.
Nach Aussagen einheimischer Fänger soll diese schöne Art um Bali häufiger sein. Dies dürfte eventuell sogar stimmen, erhielt ich doch vereinzelte gepunktete Scheibenanemonen immer dann, wenn ich größere Mengen Gelber Krustenanemonen (siehe Bild 84) von dieser herrlichen Insel bestellte.
Nach allen bisherigen Erfahrungen auch niederländischer Importeure, die über sehr gute Beziehungen zur Republik Indonesien verfügen, muß die Art wohl sehr zerstreut vorkommen und nie in umfangreicheren Kolonien auftreten.
Im Aquarium läßt sich beobachten, daß die Tiere sich bei weitem nicht so gut durch Lazeration vermehren, als alle bisher beschriebenen. Auch reagieren sie noch empfindlicher auf die lästigen Fadenalgen. Sehr gut halten sie sich in Aquarien mit gutem Bewuchs an Kalkrotalgen. Diese harten Krusten scheinen überhaupt für viele Blumentiere im Riff und im Aquarium einen idealen Siedlungsgrund darzustellen. Sie dürften kaum irgendwelche Exkrete absondern, die einen sekundären Bewuchs mit anderen tierischen Lebewesen verhindern, während sie andererseits auf ihren Zellagern kaum Fremdalgen, zumindest keine grünen Formen, vielleicht mit Ausnahme von *Halimeda* dulden.
Wer eine gepunktete Scheibenanemone erwerben kann, bringe sie im Becken unter ähnlichen Verhältnissen unter wie die anderen Arten. HQI-Licht in unmittelbarer Strahlung ist für sie lebensfeindlich. Man biete der schönen Art daher Standorte am Bodengrund oder abgeschattet bei schwacher Wasserbewegung.
Die leuchtenden Punkte sitzen, wenn man einen Polyp aufmerksam betrachtet, auf winzigen, kaum sichtbaren Noppen. Sie scheinen mit Farbstoffen gefüllt zu sein, die zusätzlich Licht aus der blaugrünen Dämmerung des tieferen Riffbereichs für die symbiotischen Algen absorbieren. Langwelliges UV-A-Licht wird in leuchtend fluoreszierende Strahlung umgewandelt.
Mit dieser hübschen Art will ich die Scheibenanemonen der Gattung *Actinodiscus* abschließen. Es gibt, und es werden wohl auch in Zukunft noch weitere schöne Arten, Rassen oder Varietäten eingeführt werden. So sind in letzter Zeit immer wieder rötliche oder braunrote Tiere mit weißen Punkten, Radiärstreifen oder winzigen unregelmäßigen Flecken in den Importen zu finden. Sicher wird sich das Hauptausfuhrgebiet dieser schönen Tiere, Indonesien und Singapur, um andere Regionen, vielleicht einmal verstärkt die Philippinen, erweitern. Auch Afrika dürfte uns noch einige *Actinodiscus*-Arten zu bieten haben.

Karibische Scheibenanemone *Ricordia (Discosoma) florida* (Duchassaing & Michelotti), Bild 68 und 69

Die Karibische Scheibenanemone *Ricordia florida* gehört zu den wenigen *Actinodiscidae,* die unregelmäßig aus der Karibischen See importiert werden. Die umfangreichen, oft leuchtend grün gefärbten Kolonien leben in den im tropischen Westatlantik häufigen Bankriffen auf abgestorbenen Riffkorallen oder massivem Kalkgestein. Die einzelnen Polypen stehen oft so dicht, daß die ursprünglich kreisrunden Tiere unregelmäßig nierenförmige, mäanderartig verschlungene Stöcke bilden. Sie sind schon vom Flachwasser, wo sie besonders intensiv grün gefärbt sind, bis in Tiefen um 20 m, selten mehr, anzutreffen.
Im Aquarium galten sie lange Zeit als hinfällig und weniger ausdauernd als ihre indo-pazifischen Verwandten. Inzwischen lassen sie sich unter HQI-Licht, das sie sehr gut vertragen, hervorragend pflegen.
Sie vermehren sich überwiegend durch Längsteilung. Dabei ziehen sich Einzeltiere, vom Mundspalt beginnend, allmählich zu ovalen Formen auseinander, bis zwei getrennte Mundöffnungen entstehen. Manche Exemplare bleiben in diesem Zustand, andere teilen sich in zwei selbständige Einzelwesen.
Die Karibische Scheibenanemone oder Falsche Koralle benötigt im Aquarium die gleichen Umweltbedingungen wie die vorigen Arten. Gefüttert wird zweimal wöchentlich mit feinstem tierischen Ersatzplankton.
Dieser Art sehr ähnlich sind verschiedene andere kurztentakelige Scheibenanemonen der west- und ostafrikanischen Küsten, die vereinzelt immer wieder einmal auftauchen. Auch aus dem indonesischen Raum werden seit kurzem *Actinodiscus*-Arten mit leuchtend grünen, rosafarbenen, nicht selten gefransten kurzen Fangarmen eingeführt. Besonders hübsch sind aus Kenya angebotene Tierstökke, die im Aquarium auch unter Leuchtstofflampen gut gedeihen und sich manchmal in Mengen vermehren. Bei allen ist die Längsteilung (Querteilung der Mundscheibe) häufiger zu beobachten als eine Lazeration.
Die kurztentakeligen Scheibenanemonen, von den Exporteuren oft als flower anemones on rock (Blumenanemonen auf Gestein) bezeichneten Tierstöcke scheinen über andere Nessel- und Abwehrsubstanzen zu verfügen als die vorher beschriebenen. So kann man nicht selten beobachten, daß sie ihre tentakellosen Verwandten schädigen, wenn sie zu dicht heranwachsen oder sie gar berühren. Auch Lederkorallen, besonders deren polypenbesetzte Teile, und Krustenanemonen werden vernesselt. Man achte also auch hier auf einen ausreichenden Sicherheitsabstand zwischen den einzelnen Blumentieren.
Gegenüber Fischen, auch Seebadern und kleinen Krebstieren wie den Putzergarnelen und Einsiedlern geringer Größe sind diese Scheibenanemonen sehr robust. Auf Zwergkaiserfische, die gern an den kurzen Fangarmen herumpicken, sollte man jedoch verzichten. Ansonsten sind die Tiere sehr ausdauernd und auch dem Anfänger zu empfehlen.

Bild 68: Karibische Scheibenanemone *Discosoma florida*

Bild 69: *Discosoma (Ricordia) florida,* Einzeltier

Bild 70: Elefantenohr *Rhodactis* spec.

Bild 71: Karibisches Elefantenohr *Discosoma neglecta*

Grünes Elefantenohr *Rhodactis* spec. *(viridis)*, Bild 70

Diese wunderschöne Art großer Scheibenanemonen oder Elefantenohren wird seit 4 Jahren unregelmäßig aus der indonesischen Inselwelt eingeführt. Mit seiner leuchtend türkisgrünen Tentakelscheibe gehört diese *Rhodactis*-Art zweifellos zu den schönsten ihrer Verwandtschaft.
Die im Durchmesser um 15 bis 20 cm großen Tiere fand ich 1986 zum ersten Mal an ihren natürlichen Standorten an der Südküste Sumatras. Im tiefen Vorriff ab etwa 10 m siedelten die Elefantenohren auf festem Korallengestein vereinzelt oder in kleinen Gruppen bis zu 5 Exemplaren. Da die herrlichen Tiere nicht ohne Verletzung zu lösen sind, müssen sie mit einem Meißel samt etwas Kalkfels aus dem Untergrund herausgeschlagen werden. Bei der Tiefe und der ständigen leichten Wasserbewegung, die sofort feinste Trübstoffe aufwirbelt, ist das eine mühselige Arbeit.
Im Aquarium halten sich diese wunderschönen Scheiben sehr gut. Man darf sie jedoch nicht direktem HQI-Licht aussetzen. Ihre Farben kommen prächtig zur Geltung, wenn ein bis zwei blaue Leuchtstoffröhren mit eingesetzt werden. Anemonenfische der Gattung *Amphiprion* nehmen die Tiere gern als Ersatz einer Symbiose-Abnemone an. Die *Rhodactis*-Art wird dabei wesentlich weniger behindert als die Riffanemonen. Eine mäßige Wasserströmung und feines tierisches Plankton halten die Art bei bester Gesundheit.

Karibisches Elefantenohr *Rhodactis* spec. *(Discosoma neglecta?)*, Bild 71

Von den karibischen Küsten Venezuelas und Kolumbiens sowie der Insel Curacao kommt manchmal diese *Rhodactis*-Art zu uns. Sie gehört zu den wenigen Arten, die gezielt gefüttert werden können und dabei einen ganz erstaunlichen Appetit entwickeln. Haselnußgroße Muschel-, Krebs- oder Fischfleischbröckchen werden mit den Fangarmen festgehalten und in den Magenraum verfrachtet, der sich weit mitsamt seinen Anhängen öffnet. An dieser *Rhodactis*- oder *Discosoma*-Art kann man auch manchmal beobachten, wie ähnlich dem Verhalten einiger großpolypiger Steinkorallen, eine Tentakel sich extrem verlängert. Diese wird dann zur Abwehr heranwachsender „feindlicher“ Blumentiere benutzt. Das karibische Elefantenohr gilt trotz bisher noch spärlicher Beobachtung als haltbar und ausdauernd. Da es im natürlichen Lebensraum zwar einzeln, oft aber in großen Ansammlungen auf Hartböden bis in 40 m Wassertiefe vorkommt, setze man es nie sofort unter HQI-Licht. Gut geeignet sind Leuchtstoffröhren, wobei wieder blaue mit verwendet werden sollten.
Die Tiere vermehren sich wieder durch Längsteilung, eine Abschnürung von Tochterpolypen von der Fußscheibe her ist noch nicht beobachtet worden.
Im Aquarium pflege man das bei uns noch seltene Tier unter den gleichen Bedingungen wie die vorigen.

Großes Elefantenohr *Rhodactis (Discosoma)* spec. Bild 72, 73, 74

Die ungewöhnlich großen Vertreter der Scheibenanemonen *Actinodiscidae,* die in der Natur oft schon einen Durchmesser von 15 cm und mehr erreichen, werden allgemein als Elefantenohren bezeichnet. In der Tat ähneln die am Rande oft eingefältelten Scheiben den Dickhäuterohren.
Große *Rhodactis-,* nach anderen Autoren *Discosoma-*Arten werden seit 1976 eingeführt, aber erst seit etwa 1982 auch in größeren Stückzahlen. Im Riff sind die Tiere nicht sehr häufig und siedeln, wie ich in der südchinesischen See immer wieder beobachten konnte, mehrheitlich im tieferen Lagunen- und Vorriffbereich ab 10 m. Bevorzugt werden eindeutig sehr strömungsschwache Stellen. Die Elefantenohren sieht man auch nie in umfangreichen Kolonien, sondern vorwiegend in Einzeltieren mit vielleicht einem oder zwei Sekundärpolypen, die dann wesentlich kleiner sind.
Im Aquarium wachsen diese prächtigen Blumentiere, die nie direktem HQI-Licht und starker Strömung ausgesetzt werden dürfen, rasch zu Exemplaren von 20 bis 30 cm Durchmesser heran. Manche „Riesen" sah ich auch schon mit einer 40 cm breiten Tentakelscheibe.
Die Vermehrung im Aquarium erfolgt nach meinen Beobachtungen grundsätzlich mit einer Längsteilung des gesamten Polypen. Nie konnte ich in 10 Jahren eine Abschnürung von Teilen der Fußscheibe feststellen.
Leider haben die großen Elefantenohren eine sehr unangenehme Eigenschaft. Von Zeit zu Zeit, wann, weiß ich nie genau, erbeuten sie selbst große Fische und Krebstiere. Dabei bilden sie, oft gegen Abend, große, ballonartige Hohlkugeln, die oben geöffnet bleiben. Schwimmt ein neugieriger Fisch, ein Riff- oder Fahnenbarsch, eine Grundel oder ein Schleimfisch in diese Hohlraumfalle, wird er in Sekunden betäubt. Wenig später öffnet sich der Gastralraum weit und breitet einen Teil der Magenfalten samt Verdauungsfilamenten aus. Die Beute, in einigen Fällen bis 15 cm große Seebader und 10 cm große Riffhummer, wird extragastral auf der Mundscheibe verdaut. Nach 12 bis 18 Stunden, selten länger, bleiben vom Opfer nur Gräten oder Panzerreste übrig. Manchmal wird auch nur ein Teil der überlisteten Fische gefressen. Der Rest wird als halbangedaute, stark eingeschleimte Brocken abgestoßen, wie wir das ja auch von Anemonen kennen, wenn deren Beutetiere zu groß sind. Es gibt nicht wenige Aquarianer, die mit den Elefantenohren im Laufe der Jahre ihren gesamten Besatz an Kleinfischen sowie Garnelen auf diese Weise verloren haben.
Bisher ist dieses merkwürdige Verhalten nur von den indo-pazifischen Elefantenohren bekannt geworden. Die sehr ähnliche ab und zu importierte *Rhodactis (Discosoma) sanctithomae* zeigte diesen sehr erfolgreichen Beutefang noch nicht. Auszuschließen ist er aber nicht.
Seltsamerweise werden die Fische nicht immer als Futter betrachtet. So konnte J. Birkholz beobachten, daß Feenbarsche *Gramme loreto,* Bild 73, zeitweise ge-

Bild 72: Großes Elefantenohr Rhodactis spec.

Bild 73: Großes Elefantenohr *Rhodactis* spec.

Bild 74: Großes Elefantenohr *Rhodactis* spec.

Bild 75: Gefälteltes Elefantenohr *Rhodactis* spec.

fahrlos in und um die Elefantenohren schwammen, obwohl hohlkugelige Formen ausgebildet wurden. Bisher wurde auch noch nie bemerkt, daß Anemonenfische der Gattung *Amphiprion* gefressen wurden. Im Gegenteil, in einem meiner Riffaquarien pflegte ich 6 Jahre lang ein Pärchen Clownfische, das regelmäßig am Fuß des im Bild 72 gezeigten Elefantenohres ablaichte und seine Eier versorgte. Die *Rhodactis*-Art aus Indonesien, aus der durch Längsteilung zwei prächtige Exemplare entstanden waren, ließ sich durch das Laichverhalten der Clownfische überhaupt nicht stören. Die Tiere durften sich auch in der kurztentakeligen Scheibe tummeln, ohne jemals belästigt zu werden. Das Verhalten dieser prächtigen Blumentiere steckt für uns noch voller Rätsel.
Diese Elefantenohren können einfach ernährt werden. Neben feinem Ersatzplankton reiche man Muschel-, Fisch- und Krebsfleisch in erbsgroßen Bröckchen, sobald die Hohlkugel ausgebildet wird.
Elefantenohren können, wie Bild 74 zeigt, sehr dicht mit anderen Scheibenanemonen zusammen gepflegt werden. Bei anderen Blumentieren achte man auf einen entsprechenden Sicherheitsabstand.

Gefälteltes Elefantenohr *Rhodactis* spec. *(maeandrinea),* Bild 75

Das Gefältelte Elefantenohr wird bisher nur aus Singapur und Indonesien importiert. Es siedelt vom Riffwatt und felsigen Lagunenbereich bis in Tiefen um 20 m im Vorriff.
Die je nach Tiefenvorkommen sandfarbenen bis dunkelbraunen oder graugrünen Tiere bilden umfangreiche Stöcke aus einem großen bismehreren mittleren und kleinen Einzelindividuen. Oft entsteht aus einem Mutterpolypen ein langes mäanderartig gewundenes Gebilde mit vielen Mundöffnungen, die immer leicht kegelig erhöht liegen. Von Zeit zu Zeit wird am Rande ein Sekundärpolyp durch Längsteilung abgeschnürt. Im Riff wie im Aquarium entstehen so im Laufe der Zeit Tierstöcke von einigen Quadratdezimeter Größe.
Da diese Elefantenohren im Riff ebenfalls strömungsarme Stellen besetzen, halten wir sie auch im Becken an Orten mäßiger bis schwacher Wasserbewegung. Direktes HQI-Licht ist zu vermeiden. Die Art bleicht durch Photooxidation der Zooxanthellen rasch aus, wenn sie den Strahlern unmittelbar ausgesetzt werden. Am besten plaziert man sie in der Nähe des Bodengrundes oder leicht abgeschattet. Werden ausschließlich Leuchtstofflampen verwendet, gibt es mit diesen Tieren wie mit der Mehrzahl ihrer Verwandten keine Probleme. Bei zwei blau strahlenden Röhren werden die Elefantenohren allmählich grün bis dunkelgrün.
In der Ernährung gleichen sie ihren Verwandten. Sie sind außerordentlich haltbar und können problemlos mit den üblichen Kleinfischen vergesellschaftet werden. Gern benutzen *Amphiprion*-Arten, wie das Titelbild zeigt, diese großen Blumentiere als Ersatz einer Symbiose-Anemone. Die Elefantenohren werden dadurch nicht beeinträchtigt.

Teppich-Elefantenohr *Discosoma* spec. *(plumosa),* Bild 76 und 77

Diese *Discosoma-* oder *Rhodactis-*Art wird aus Ostafrika, vereinzelt Sri Lanka und häufig aus Indonesien und Singapur eingeführt. Auch sie findet sich im Riffwatt, auf Hartböden des Lagunen- und Vorriffbereichs sowie an Felsküsten mit schwacher Wasserströmung.

Die Art ist ebenfalls sehr ausdauernd und vermehrt sich immer wieder einmal durch Längsteilung des Mutterpolypen. Dabei trennen sich die Tochterpolypen aber regelmäßig völlig ab. Ungeschlechtliche Vermehrung durch Lazeration kommt auch vor, wird jedoch viel seltener beobachtet als bei den Scheibenanemonen der Gattung *Actinodiscus*.

Leuchtend grün gefärbte Teppich-Elefantenohren, die einheimischen Fänger bezeichnen sie als „carpet mushroom on rock", vertragen HQI-Licht sehr gut, solange man die Tierstöcke nicht unmittelbar unter die Lichtquelle wenig unterhalb der Wasseroberfläche plaziert. Die sand-, beige- und olivfarbenen Exemplare dürfen dagegen nicht sofort dem HQI-Licht ausgesetzt werden. Sie setzen wir wieder näher zum Bodengrund, falls die hellen Strahler verwendet werden. Auch eine zu starke Wasserbewegung liebt die Art nicht.

Bild 76 zeigt eine Kolonie von Teppich-Elefantenohren, die zusätzlich mit langwelligem UV-Licht, dem sog. Blacklight, bestrahlt wurde. Neben den Blaustrahlern wirkt das UV-Licht besonders intensiv auf die Fluoreszenz der Schutzstoffe, die dann strahlend aufleuchten.

Aus Ostafrika wird in letzter Zeit eine ähnliche, aber viel kleinere Art importiert, deren Fangarme ebenfalls büschelig aufgespalten sind. Sie vermehrt sich in einigen Becken zu umfangreichen Tierstöcken meist durch Lazeration, seltener durch Längsteilung der Polypen.

Teppich-Elefantenohren werden meist mit einem Durchmesser von 5 bis 7 cm eingeführt, die kleinere afrikanische Art um 4 cm. Im Aquarium erreichen sie rasch 10 bis 15 cm im Durchmesser. Gefüttert wird mit feinstem tierischem Ersatzplankton. Größere Futterbrocken werden nur selten angenommen. Hin und wieder kann man auch bei dieser Art beobachten, daß oben offene Hohlkugeln gebildet werden. Fische und andere freibewegliche Wirbellose sind nach bisherigen Beobachtungen aber noch nicht gefangen und gefressen worden. Die Tiere können daher gut mit allerlei kleineren Fischen, auch Doktorfischen, zusammen gepflegt werden.

Die Art kann dicht mit allen ihren Verwandten zusammengesetzt werden. Die Tiere schädigen sich gegenseitig nicht, auch wenn sie sich direkt berühren. Rasch vernesselt werden jedoch alle Leder- und Weichkorallen mit Ausnahme einiger *Xenia-* und *Anthelia-*Arten sowie die meisten Steinkorallen. Hier müssen unbedingt Sicherheitsabstände von etwa 10 cm zwischen unterschiedlichen Blumentieren eingehalten werden. Damit möchte ich die Beschreibung corallimorpher Blumentiere abschließen.

Bild 76: Teppich-Elefantenohr *Discosoma* spec.

Bild 77: Teppich-Elefantenohr *Disc.soma* spec., Einzeltier

Ordnung *Zoanthiniaria* Krustenanemonen

Die Krustenanemonen *Zoanthiniaria* (früher *Zoantharia, Zoanthidea*) bilden eine ca. 300 Arten umfassende Ordnung kleiner sechssttrahliger Blumentiere. Die anemonenartigen Lebewesen werden zur Zeit in 2 Familien, den *Epizoanthidae* mit den Hauptgattungen *Epizoanthus* und *Parazoanthus* und den *Zoanthidae* mit den Gattungen *Zoanthus* und *Palythoa* zusammengefaßt. Es sind kleine Tiere, die selten einmal größer als 1 bis 2 cm in der Höhe und im Durchmesser werden. Von wenigen solitären Formen abgesehen, bilden die meisten Arten mehr oder weniger große Kolonien, die überwiegend durch Knospung entstehen.

Ein Innenskelett wie bei den Steinkorallen wird nicht entwickelt. Eine gewisse Festigkeit erlangen diese Blumentiere durch eine zähe Außenhaut, eine sog. Kutikula, in die Sandkörner, winzige Bruchstücke von Muschelschalen, Schwammnadeln u. ä. eingelagert wird. Eine basale Fußscheibe wie bei den Scheibenanemonen und echten Anemonen wird nicht entwickelt. Statt dessen produzieren die koloniebildenden Arten kriechende Ausläufer, die band- oder lamellenförmig dem Substrat fest aufliegen, ja fast damit verwachsen erscheinen. Sekundärpolypen können aus dem basalen Teil des Mutterpolypen entsprossen oder knospen aus dem Kriechgewebe, die als gemeinsame Körpermasse eines Tierstockes anzusehen ist. Einige wenige Arten entwickeln keine zusammenhängenden Kolonien. Die Polypen stecken vielmehr mit einem konisch zugespitzten Fußende lose im Siedlungssubstrat. So findet man sie manchmal in Schwämmen oder schwammig wachsenden Algenpolstern, seltener im Sand.

Zwei Reihen alternierender, kurzer Fangarme begrenzen die Mundscheibe. Die runde bis seltener spaltförmige Mundöffnung setzt sich in den Schlund fort, der wie bei den Steinkorallen mit einer oder zwei Flimmerinnen mit Cilien ausgestattet ist. Diese dienen wiederum dem Wasseraustausch und der Beförderung der Nahrung in den Gastralraum.

Die Nesselfähigkeit der Krustenanemonen scheint mit wenigen Ausnahmen gering zu sein, schwächer noch als jene der meisten Steinkorallen und Scheibenanemonen. Dennoch können die kleinen Polypen Planktonorganismen von der Größe eines Wasserflohs erbeuten, lähmen und bemerkenswert rasch der Mundöffnung zuführen. In dieser Hinsicht sind sie nicht langsamer als ihre sechsstrahligen Verwandten. Größere Beutetiere, Mysis z. B., werden ebenfalls festgehalten und teils außerhalb des Magens verdaut, doch bemühen sich nach meinen Beobachtungen alle aquaristisch interessanten Arten, soweit sie überhaupt Plankton verzehren, ihre Nahrung so schnell wie möglich in den Gastralraum zu befördern.

Die Mehrzahl der Arten lebt in subtropisch-tropischen Meeren. In den Korallenriffen gehören einige Arten aus den Gattungen *Zoanthus* und *Palythoa* zu den typischen Sekundärsiedlern abgestorbener Riffbereiche. Totes Korallengeäst

und poröses Riffgestein, aber auch Sand- und Urgestein tropischer Felsküsten werden mit mehr oder weniger dichten Kolonien überwachsen. Häufig findet man die kleinen Polypen als dichte Polster in sedimentreichen Zonen der Lagune, des Vorriffs oder der Hartsubstrate des flachen Wassers zwischen den Koralleninseln. Stellen mit zumindest zeitweiser starker bis sehr starker Wasserbewegung werden von den meisten Arten bevorzugt. An Felsküsten im Brandungsbereich „krallen" sich einige Krustenanemonen förmlich ins Gestein.
In den nährstoffarmen Meeren besitzen die meisten Krustenanemonen-Arten symbiotische Algen, die ihnen ähnlich den anderen Blumentieren ein Überleben im nicht gerade planktonreichen Wasser gestatten. Die Endosymbiose mit den pflanzlichen Mitbewohnern geht bei einigen indo-pazifischen Krustenanemonen soweit, daß sie keine feste Nahrung, winzige tierische Schwebeorganismen mehr fressen. Sie besitzen dann einen stark reduzierten Gastralraum. Aufgenommen werden jedoch wie bei den Steinkorallen und Scheibenanemonen organische, im Wasser gelöste Substanzen über die gesamte Körperoberfläche.
Viele Krustenanemonen erweisen sich als typische Epizoen, d. h. Lebewesen, die andere festgewachsene Tiere besiedeln. Bekannt sind solche Gemeinschaften ohne gegenseitigen Nutzen zwischen Schwämmen und Krustenanemonen wie die im Mittelmeer beheimatete Art *Parazoanthus axinellae* beweist. Eine sehr ähnliche zimtfarbene Art gibt es in den Riffen Indonesiens. Sie siedelt ebenfalls auf verschiedenen geweihartigen Schwammstöcken. Aber auch Zackenaustern der Gattung *Spondylus* oder die großen Schalen der Riffmuscheln *Tridacna* werden nicht selten von Krustenanemonen förmlich umwuchert.
Krustenanemonen aus dem Mittelmeer und den tropischen Meeren gehören seit vielen Jahren mit zu den beliebten sessilen Blumentieren im Wirbellosen-Aquarium. Die eingeführten Arten sind mehrheitlich sehr haltbar und pflanzen sich auch leicht ungeschlechtlich fort.
Ein großes Problem auch für sie sind leider wieder die lästigen Fadenalgen, die bei zügigem Wachstum schnell einmal eine Kolonie überwuchern und ersticken können. Der Aquarianer, der mit den grünen Fäden zu kämpfen hat, kaufe keine Krustenanemonen, bevor die Plage nicht beseitigt ist. Wie die Steinkorallen und die Scheibenanemonen gedeihen auch diese hübschen Blumentiere am besten in jenen Riffbecken, die reich mit krustigen Kalkrotalgen durchwachsen sind. In solchen Becken gibt es kaum Schwierigkeiten mit den zarten Tieren.
Die Mehrzahl der überwiegend aus dem indo-australischen Raum, Sri Lanka, Mauritius und Ostafrika importierten *Zoanthus* und *Palythoa*-Arten stammt aus sehr flachem Wasser. Ebbetümpel werden oft mit den flachen Polsterkolonien besiedelt. Auf der Riffplatte oft abgestorbener Koralleninseln finden sie sich in großen Ansammlungen an meist strömungsreichen, nicht selten der Luft ausgesetzten Stellen. So ist es nicht verwunderlich, daß die Tiere direktes HQI-Licht mehrheitlich gut vertragen. Weitere Eizelheiten bieten die folgenden Bildseiten.

Rotbraune Krustenanemone *Zoanthus* spec., Bild 78

Besonders farbprächtige Krustenanemonen der Gattung *Zoanthus* finden sich an Felsküsten und in Ebbetümpeln sowie an Riffhängen zum gerölligen Vorriff in der Str. von Malacca. So entdeckte ich auf den unbewohnten Inseln zwischen Singapur und Sumatra sehr verschiedenfarbige Tierkolonien aus der Gattung *Zoanthus,* die oft mehrere Quadratdezimeter groß waren. Im meist trüben Wasser mit einer Sichttiefe von weniger als 5 m scheinen die bunt gefärbten Arten hervorragend zu gedeihen. Nicht selten fand ich Kolonien in extrem flachem Wasser, die bei Tiefstebbe trocken lagen. Derart exponiert wachsende Krustenanemonen sind durch UV-Schutzstoffe leuchtend rot, grün, türkis, zitronengelb bis orange gefärbt.
Querschnitte durch einzelne *Zoanthus*-Polypen zeigen regelmäßig einen reduzierten Gastralraum, so daß diese Lebewesen wohl nur noch organisch gelöste Substanzen aufnehmen und über die Symbiose mit ihren Zooxanthellen leben. Im Aquarium kann man die bunten *Zoanthus*-Arten unter direktem HQI-Licht sehr gut halten. Unter der hellen Beleuchtung bewahren sie auch ihre leuchtende Färbung und bleichen kaum einmal aus. Da sie in ihrem natürlichen Lebensraum mehrere Stunden am Tag starker bis stärkster Wasserbewegung ausgesetzt sind, biete man ihnen auch im Aquarium eine ständige mäßige Strömung, am besten aus wechselnden Richtungen. Eine gezielte Fütterung ist nicht nötig, da selbst feinste tierische Futterpartikel nicht festgehalten werden, die Ernährung also über gelöste Substanzen erfolgt.

Rote Krustenanemone *Zoanthus* spec., Bild 79

So kräftig rote Krustenanemonen sind auch in großen Importsendungen selten. Auf zerklüftetem Riffgestein nahe der Riffkante kann man manchmal so herrliche Tiere an den Küsten Afrikas, den Inselgruppen der Maskarenen und Malediven sowie Sri Lankas entdecken. Die intensive rote Färbung dürfte ähnlich jener der bekannten Purpurrose *Actinia equina* ebenfalls auf UV-Schutzstoffe zurückzuführen sein.
Leider bleichen so kräftig gefärbte Krustenanemonen im Aquarium allmählich aus, selbst wenn man sie unmittelbar unter HQI-Licht unterbringt. Die Farbe geht sehr langsam in ein immer noch kräftiges Rosa über, wie wir das ja auch von der Purpurrose kennen.
Zoanthus-Arten vermehren sich im Aquarium regelmäßig durch Knospung. Vom Mutterpolypen sprossen an der Basis des Stammes ständig Tochterindividuen hervor, die nach etwa 4 bis 5 Monaten ihre endgültige Größe erreichen. Auch die rote *Zoanthus*-Art läßt sich nicht mit Ersatzplankton füttern. Organische Stoffe sowie ihre symbiotischen Algen sorgen für ihre Ernährung, ansonsten ähneln Sie in der Haltung ihren Verwandten.

Bild 78: Rotbraune Krustenanemonen *Zoanthus* spec.

Bild 79: Rote Krustenanemonen *Zoanthus* spec.

Bild 80: Krustenanemonen, grün-türkis, *Zoanthus* spec.

Bild 81: Karib. Krustenanemone *Zoanthus sociatus*

Grüne Krustenanemone *Zoanthus* spec., Bild 80

Türkisgrüne Krustenanemonen, die oft noch eine hellgelbe oder orange gefärbte Mundscheibe besitzen, stammen vorwiegend aus den Gewässern um Singapur und der Nord-Ostküste Sumatras. Sie siedeln auf Hartgrund in Tiefen bis etwa 15 m zwischen den vielen kleinen Inseln oder in Ebbetümpeln des Riffwatts. Es werden umfangreiche Kolonien bis Quadratmetergröße entwickelt, vor allem dort, wo ständig aufgewirbelte organische Substanzen ein nährstoffreiches Wasser schaffen. Die Kolonien sind nicht selten so mit Sedimenten durchsetzt, daß nur noch die Polypenscheibe mit dem Tentakelkranz herausschaut. Zwischen den Einzelpolypen wachsen auch oft pflasterartig verbundene glasig-durchsichtige Algen der Gattung *Dictyosphaeria.* Auch Weichkorallen der Gattung *Anthelia* findet man als Raumkonkurrenten direkt zwischen den Krustenanemonen. Dabei kann man eine Schädigung durch irgendwelche Abwehrsekrete bei keiner der beiden Tierarten beobachten.

Im Aquarium pflege man die schönen, bunten Tiere wie die vorher beschriebenen. Blaue Leuchtstoffröhren, die man dem HQI-Licht hinzuschaltet, bringen die Fluoreszenz der Tiere herrlich zur Geltung.

Auch diese Arten lassen sich kaum gezielt mit tierischem Ersatzplankton füttern. Bei guten Lichtverhältnissen gedeihen sie bestens und vermehren sich regelmäßig durch Knospung.

Karibische Krustenanemone *Zoanthus sociatus,* Bild 81

Diese hübsche, türkis bis leuchtend grün-gelb gefärbte Krustenanemone stammt aus der Karibischen See. Sie siedelt oft auf Schwämmen oder zwischen schwammig wachsenden Algenpolstern. Auf sandigen Böden kann man sie auch festgewachsen auf größeren Muschelschalen entdecken.

Zoanthus sociatus wird im Fachhandel wesentlich seltener angeboten als die Krustenanemonen aus dem tropischen Indo-Pazifik. In ihrem ganzen Verhalten ähnelt die Art den vorbeschriebenen. Ihre hübsche Färbung, die ebenfalls durch UV-Schutzstoffe bestimmt sein dürfte, bleibt nur unter HQI-Licht gut erhalten. Eine ständige, zeitweise stärkere Wasserbewegung liebt auch diese Art im Aquarium. Im Gegensatz zu den vorigen nimmt sie feinstes Ersatzplankton an und vermehrt sich, wenn sie zwei- bis dreimal wöchentlich gefüttert wird, sehr rasch. Ein einzelner Mutterpolyp bringt 3 bis 5 Sekundärpolypen alle 4 bis 6 Wochen hervor, so daß es im Aquarium bald zu umfangreichen Tierstöcken kommt. Seit wenigen Jahren erhalten wir auch Krustenanemonen dieser Gattung, wahrscheinlich *Zoanthus danae* (Le Conte) aus dem Golf von Kalifornien. Die ebenfalls leuchtend grün, oft auch tief blaugrün gefärbten Polypen bilden ca. faustgroße Polsterkolonien in Ebbetümpeln und Entwässerungskanälen (Priele) des felsigen Küstenwatts.

Grüngraue Krustenanemone *Palythoa* spec., Bild 82 und 83

Krustenanemonen der Gattung *Palythoa* gehören seit mehr als 15 Jahren zu den regelmäßig importierten sessilen Blumentieren aus allen subtropisch-tropischen Ozeanen.

Mit den Arten *Palythoa caesia* (wahrscheinlich die im Bild vorgestellte) aus dem indo-australischen Raum, *Palythoa mammillata* aus Ostafrika, Mauritius, den Maskarenen, Malediven und Sri Lanka, *Palythoa ignota, Palythoa complanata, P. praelonga* u. a. aus dem westlichen tropischen Pazifik und *Palythoa tuberculata* aus der Karibischen See erhalten wir ein reiches Angebot sehr haltbarer Krustenanemonen.

Palythoa-Arten siedeln sowohl an Felsküsten wie im Riffwatt und am Riffhang vom Flachwasser an bis in Tiefen von ca. 15 bis 20 m. Je nach Lichtstärke sind die Tiere beigebraun, zimtfarben bis dunkel milchkaffeebraun, graugrün oder, seltener, leuchtend grün gefärbt. Die Einzelpolypen sind untereinander stets durch lamellenartige flache Ausläufer verbunden, aus denen die Sekundärpolypen sprossen. Zwei Reihen langer, zugesptitzter Fangarme liegen am Rand der Mundscheibe.

Im Gegensatz zu den vorgeschriebenen Arten sind die Vertreter der Gattung *Palythoa* z. T. recht gierige Fresser, die sogar Beutetiere von der Größe einer Schwebegarnele *Mysis* überwältigen. Im Aquarium füttere man sie mit allerlei tierischem Ersatzplankton etwa bis zur Größe eines Wasserflohs. Hin und wieder reiche man einzelnen Polypen gezielt einige Nahrungsbrocken und wird dann erleben, wie schnell aus den umgebenden Stolonen neue Individuen heraussprossen.

Palythoa-Arten vertragen nicht alle direktes HQI-Licht. Die grünlich gefärbten Arten kann man heller unterbringen als die bräunlichen. Am besten plaziert man die Tierstöcke in halber Höhe des Beckens ca. 20 bis 25 cm unter der Wasseroberfläche. Langwelliges UV-Licht aus sog. Blacklight-Leuchtstoffröhren (Schwarzglaskolben-Lampen) bringt grünliche *Palythoa*-Arten zu fantastischem Leuchten. Ein bis zwei blau strahlende Leuchtstoffröhren lassen die haltbaren Krustenanemonen ebenfalls geheimnisvoll fluoreszieren.

Der Stamm der Polypen wie auch die Stolonen sind von einer ziemlich festen, lederigen Kutikula umgeben, was die Tiere recht unempfindlich macht. Trotzdem sollte man sie nur mit den üblichen Kleinfischen und auf keinen Fall mit irgendwelchen Aufwuchsfressern zusammen halten. Auch *Palythoa*-Arten öffnen sich nach einiger Zeit nicht mehr, wenn sie ständig belästigt werden. Garnelen und ganz kleine Einsiedlerkrebse verträgt diese Krustenanemone im allgemeinen gut, wenn man sich auf wenige Kruster beschränkt.

Ihrem natürlichen Siedlungsraum zufolge bringe man auch *Palythoa*-Kolonien so unter, daß sie gut von Wasser umströmt werden. Auflagernde Sedimente sind von Zeit zu Zeit mit der Hand oder einem kräftigen Wasserstrahl zu entfernen.

Bild 82: Große Krustenanemone *Palythoa* spec.

Bild 83: Große Krustenanemone *Palythoa* spec., Einzeltier

Bild 84: Gelbe Krustenanemone *Parazoanthus* spec.

Bild 85: Krustenanemone *Epizoanthus* spec. mit Lederkoralle

Gelbe Krustenanemone, Balipolyp *Parazoanthus* spec., Bild 84

Die wunderschönen, leider nicht sehr großen Kolonien der Gelben Krustenanemonen *Parazoanthus* spec. *(gracilis?)* werden ebenfalls seit mehr als 15 Jahren immer wieder angeboten. Gesammelt werden sie hauptsächlich in der Java- und Floressee, wo sie auf gerölligem Grund in den Lagunen und Vorriffbereichen siedeln. Meist werden sie auf totem, abgeschliffenem sekundär von Kalkrotalgen umwachsenem Korallengeäst gefunden und auch so verschickt. Es ist immer wieder ein Erlebnis, wenn aus den kleinen gelben Höckern der völlig zusammengezogenen Polypen herrliche Tiere von 1 bis 1,5 cm Höhe sich entfalten.
Im Aquarium können wir bei guter Beleuchtung, besonders auch unter HQI-Licht, in einer Wassertiefe von 20 bis 40 cm wunderschöne Kolonien von einigen Quadratdezimeter Größe heranziehen, wenn wir die Einzelpolypen regelmäßig mit feinstem Ersatzplankton versorgen. Machen wir uns nun noch die Mühe und füttern einige Polypen direkt mit Wasserflöhen, feinst zerhacktem Muschel- und Fischfleisch oder auch *Mysis,* so entwickeln diese in rascher Folge Sekundärpolypen an der Basis.
Die *Parazoanthus*-Polypen sind nicht untereinander mit Stolonen verbunden. Tochterindividuen bleiben zwar einige Zeit mit dem Mutterpolypen zusammen und bilden so kleine Dreier- bis Fünfergruppen, doch trennen sie sich mit zunehmender Größe.
Auch diese Art liebt eine zeitweise kräftige Wasserbewegung und sollte ständig mäßig umströmt werden. Ansonsten pflege man sie wie die vorigen, achte aber auf eine wesentlich stärkere Nesselfähigkeit, die andere Blumentiere schädigen kann.

Braune Krustenanemone *Epizoanthus* spec. mit Lederkoralle, Bild 85

Die meist braunen bis zimtfarbenen Krustenanemonen der Gattung *Epizoanthus* besiedeln neben Hartböden oft Schnecken und Muschelschalen, die noch die Mollusken selbst oder Einsiedlerkrebse beherbergen. Die meist koloniebildenden Arten sind gierige Planktonfresser, die wir mit allerlei tierischem Ersatzplankton füttern müssen.
Bild 85 zeigt eine der seltener importierten tropischen Arten aus dem Indo-Pazifik in Gemeinschaft mit einer Lederkoralle *Lobophytum* spec. Bei dieser Krustenanemonen-Kolonie konnte ich sehr schön beobachten, wie die einzelnen Polypen aufgrund guter Fütterung ständig durch Knospung Tochterpolypen entwickelten, die zu einem umfangreichen Tierstock führten. Die Lederkoralle, die ursprünglich flach aufliegend gut wuchs, bog ihre Ränder immer mehr aufwärts, so daß die Krustenanemonen die feinen Lederkorallenpolypen auf der Stockoberseite nicht vernesseln konnten. So entstand bald eine schalenförmige Lederkoralle, die später eine fast becherartige Form annahm.

Die hier im Bild vorgestellten Krustenanemonen finden sich, mit wenigen Ausnahmen, ziemlich regelmäßig im Zoofachhandel mit gut sortierter Seewasserabteilung. Vor allem bunt gefärbte *Zoanthus*-Arten auss der Str. von Malacca gelangen über Singapur häufig zu uns.
Seltener sind *Epizoanthus*-Arten, die seit kurzem aber auch manchmal aus Ostafrika importiert werden. Sie bilden kaum so umfangreiche Kolonien wie die *Zoanthus*- und *Palythoa*-Arten, oft stehen ihre Polypen vereinzelt auf dem Substrat, totem Riffgestein, z. B.
Epizoanthus-Krustenanemonen besitzen längere, viel dünnere und sehr zugespitzte Fangarme und ernähren sich mehrheitlich von feinstem tierischen Plankton. Man füttert sie am besten zweimal wöchtlich mit einem Futterrohr, in das die im Seewasser aufgeschwemmte Nahrung gefriergetrocknetes tierisches Ersatzplankton, „Natur Mikro Plankton", z. B. tiefgefrorene Planktonorganismen, wie Bosmiden, sog. Rotes Nordseeplankton oder auch Wasserflöhe u. ä. aufgesogen wird.
Die Futterstoffe läßt man dann allmählich über der Tierkolonie ausrinnen. Größere *Epizoanthus*-Arten füttert man auch wie die großen *Palythoa*-Arten ein- bis höchstens dreimal pro Woche mit Mysis, zerhacktem Muschel-, Fisch- und Krebstierfleisch gezielt mit einer Pinzette. Die Tiere danken es mit reichlicher Knospung.
Da sich zwischen den einzelnen Polypen einer Kolonie mit der Zeit allerlei Sedimente sammeln, richten wir ab und zu den Strahl unserer Umwälzpumpe direkt auf sie. Auch mit der Hand sollten wir manchmal kräftig über die Tierstöcke wedeln, um sie von Schmutzstoffen zu befreien. Das hilft auch, manche unliebsamen Halb- und Vollschmarotzer, Planarien und kleine Würmer etwa, von den Tieren fernzuhalten.
Die Mehrzahl der Arten lassen sich gut mit vielen anderen Blumentieren vergesellschaften. So können sie problemlos mit den verschiedensten Leder- und Steinkorallen gemeinsam gehalten werden. Nur achten wir auch hier wieder darauf, daß sich die Tiere nicht zu nahe kommen. Direkte Berührung vermeiden wir möglichst völlig.
Die Krustenanemonen selbst werden eigentlich nur von sehr stark nesselnden Steinkorallen, z. B. den *Euphyllia*-Arten oder der Blasenkoralle beeinträchtigt. Auch verschiedene Arten von Scheibenanemonen können den zarten Blumentieren gefährlich werden, doch meist erst wieder bei unmittelbarem Kontakt. Krustenanemonen, die sich nicht mehr öffnen, versetzen wir im Aquarium an eventuell geeignetere Standorte. Mangelndes Licht oder eine zu schwache Wasserbewegung können die Ursache dafür sein. Aber auch ein stark nesselndes anderes Blumentier in nächster Nachbarschaft kann manche Krustenanemone veranlassen, sich nicht mehr zu öffnen.
Von den üblichen Kleinfischen werden die Tiere im allgemeinen nicht belästigt. Doktorfische und Zwergkaiser knabbern hin und wieder an ihnen herum. Auch

dann kann es passieren, daß sich so geschädigte Tiere nicht mehr voll entfalten. Das gilt natürlich auch für Garnelen, die den Krustenanemonen gern die eingefangene Nahrung aus dem Tentakelkranz entnehmen. Hier muß man dann von Fall zu Fall entscheiden, ob man die Krebse entfernen oder auf die Blumentiere verzichten möchte. Im großen und ganzen sind die Krustenanemonen aber so zäh, daß sie auf kurze Störungen nicht sehr empfindlich reagieren. Nur eine ständig wiederkehrende Belästigung vertragen sie nicht, wie das ja auch für alle anderen Blumentiere gilt.

Alle Krustenanemonen werden, wie schon erwähnt, erheblich von Fadenalgen beeinträchtigt. Um die lästigen Fäden dauerhaft auszuschalten, sollten wir auch bei diesen Blumentieren wieder unser Kalkwasser verwenden und darauf achten, daß Nitrate und Phosphate nicht ansteigen. Zwar vertragen fast alle Krustenanemonen mit Ausnahme der gelben *Parazoanthus*-Arten einen wesentlich höheren Wert dieser Verbindungen (teils halten sie noch Werte von über 10 bzw. 0,5 ppm aus, doch müssen wir dann immer wieder mit den unliebsamen grünen Fäden rechnen.

Bei Einsatz von HQI-Licht vermehren sich in unseren Riffbecken auch oft die an sich hübschen „Glaskugelalgen" aus den Gattungen *Valonia* und *Dictyosphaeria*. Sie werden nicht selten mit Krustenanemonen-Stöcken eingeschleppt, da sie zwischen deren Polypen wachsen. Diese kugelförmigen, glasig grünen Algen entfernen wir regelmäßig am besten mit einer Hakenpinzette, bevor sie sich zu umfangreichen Belägen entwickeln. Es ist nicht sinnvoll, diese Algen im Aquarium selbst zu zerquetschen, da sich aus Zellresten neue Algenkugeln entwikkeln.

Lästig werden den kleinen Polypen auch manchmal die Kriechsprosse der verschiedenen *Caulerpa*-Algen. Auch sie entfernen wir, sobald sie zwischen die Blumentiere wachsen. Man beginne rechtzeitig, bevor ein dichtes Gewirr von Ausläufern die Krustenanemonen durchwuchert.

Schädlich sind auch rote und andersfarbige Schmieralgen *Cyanophyceae*, die vor allem bei Quecksilberhochdruckdampflampen zu beobachten sind. Die rasch wachsenden flädigen Beläge können sehr leicht Krustenanemonen ersticken, während sie z. B. den viel größeren Scheibenanemonen und den meisten Steinkorallen überhaupt nicht gefährlich werden.

Schmieralgen saugen wir daher regelmäßig ab. Hilft eine Änderung der Beleuchtung z. B. Austausch der Quecksilberhochdruckdampflampen gegen Leuchtstoffröhren oder/und HQI-Strahler nicht, setzen wir als letzten Ausweg das Antibiotikum Chloramphenicol in einer Dosierung von 1 Gramm pro 100 Liter Aquarienwasser ein. Nach drei Tagen geben wir nochmals ½ Gramm pro 100 l. Biologische Filterung über Aktivkohle setzen wir bei dieser Behandlung aus. Das milchig aufgelöste Antibiotikum verteilen wir rasch im gesamten Aquarium. Bei der angegebenen Konzentration gibt es weder im bakteriellen Abbau noch bei fast allen Wirbellosen und Fischen irgendwelche Schäden.

Parasiten und andere Plagegeister

Wie wir schon im Band über Röhren-, Leder- und Hornkorallen dargestellt haben, sind mit der verstärkten Einfuhr tropischer Wirbelloser auch allerlei unliebsame Quälgeister in unsere Riffbecken gelangt. So müssen wir auch bei den hier beschriebenen Tiergruppen immer wieder mit mehr oder minder bösen Überraschungen rechnen, da wir nie ausschließen können, daß der eine oder andere Parasit oder kleine Räuber eingeschleppt wird. Dennoch halten sich, wie wir nur nochmals wieder feststellen können, Totalverluste in Grenzen und sind bei weitem nicht so häufig wie bei den Korallenfischen.
Als ähnlich schwierig, wenn nicht noch problematischer als die Beseitigung roter Schmieralgen oder grüner Fadenalgen hat sich die Bekämpfung und Vernichtung verschiedener Plattwürmer *Turbellaria* oder Planarien erwiesen. Neben glücklicherweise noch seltenen rein parasitären Formen haben wir vor allem gegen Massenentfaltungen verschiedener Restefresser und fakultativer Schmarotzer (Gelegenheitsparasiten) zu kämpfen. Kannten wir bis vor wenigen Jahren nur die bei jeder Neueinrichtung eines Meerwasseraquariums auftretenden weißlichen Planarien, so finden sich heute allerlei bunt gefärbte Arten, beigebräunliche, graugrüne oder dunkelbraune bis rote Formen in unseren Aquarien. Die weißen im Bild 86 vorgestellten Strudelwürmer sind kleine Räuber, die sich von winzigen Krebstieren ernähren. Ähnliche Arten sind Restevertilger, die, neben kleinen Krebstieren aus der Gattung Tisbe, seltener Microcalanus, vor allem die organischen Produkte fressen, die aus der Massenentfaltung von Kieselalgen (Diatomeen) stammen. Diese Planarien verschwinden bis auf geringe, oft nicht mehr sichtbare Bestände, sobald die Kieselalgenplage beendet ist. Diese Plattwürmer sind völlig ungefährlich, ja als eine Art „Gesundheitspolizei" sogar von Nutzen, fressen sie doch auch allerlei Aas aus verendeten Tieren sowie abgestorbene Algen aller Art und Futterreste. So wird man sie immer wieder einmal in kleinen oder größeren Ansammlungen beobachten, wenn z. B. Fadenalgen absterben oder Schmieralgen z. B. mittels eines Antibiotikums beseitigt werden. Auch ein unbemerkt verendetes Tier, ein kleiner Seestern oder eine Schnecke, eine Garnele oder ein Einsiedlerkrebs bringt eine kurzfristige Massenvermehrung der weißen Planarien hervor. Sind sie ständig in größeren Mengen zu beobachten, wird meist zu reichlich gefüttert.
Bild 87 zeigt uns eine der Planarien-Arten, gegen die inzwischen einige Aquarianer einen verzweifelten Kampf führen. Die Würmer sind nach bisherigen Beobachtungen keine eigentlichen Parasiten, doch scheinen sie sich auch vom Gewebe geschädigter Blumentiere zu ernähren, wobei sie erhebliche Mengen der symbiotischen Algen fressen. Dabei scheinen sie die Algen nicht unbedingt zu verdauen, sondern verwenden sie ähnlich wie die Blumentiere als eine Art Gemüsegarten in ihrem Gewebe. Diese Vermutung wird durch die Beobachtung

untermauert, daß sich die olivfarbenen, braunroten bis rötlichen Formen sehr stark ungeschlechtlich vermehren, wenn das Aquarium mit HQI-Licht bestrahlt wird. Eine zusätzliche CO_2-Diffusion führt in solchen Aquarien zu einer unglaublichen Massenvermehrung dieser Planarien, so daß Scheiben, Bodengrund und Dekoration von zusammenhängenden Flächen Abertausender Plattwürmer verunziert werden. Auch auf den festgewachsenen Blumentieren breiten sie sich dann so aus, daß diese oft ihre Polypen nicht mehr entfalten. Eine Ozonisierung hilft nach vielen Versuchen, die ich in den letzten Jahren anstellte, auch nicht weiter. Bisher kennen wir als einzige Abwehrmaßnahme nur das regelmäßige Absaugen der lästigen Plagegeister. Bei manchen Arten, die phototaktisch positiv reagieren, also symbiotische Algen enthalten, hilft es, wenn man auf die Deckscheibe nach Abschalten der Beleuchtung eine starke Taschenlampe oder einen eng umgrenzten Punktstrahler legt. Die Planarien sammeln sich dann im Lichtkegel und können konzentriert abgesaugt werden.

Sehr empfindlich scheinen diese Plattwürmer auf Dichteschwankungen zu reagieren. So hat meine Empfehlung, frisch angesetztes Kalkwasser in eine größere Spritze aufzuziehen und die Lösung über den Tieransammlungen auszuspritzen, einigen Erfolg verzeichnet.
Auf die Dauer empfindlich sind die Würmer auch gegen hohe pH-Werte. So konnten einige Aquarianer die lästigen Tiere allmählich einschränken und beseitigen, indem sie mit dem Kalkwasser einen ständig hohen pH-Wert von 8,5 bis 8,6 einstellten.
Ein geeignetes Medikament konnte ich trotz vieler Versuche bis heute nicht entdecken. Alle in der Teichwirtschaft zur Vernichtung von Platt- und Fadenwürmern, Kratzern und parasitären Krebsen einsetzbaren Präparate erwiesen sich im Seewasserbecken als schädlich. So wie es bisher kein Medikament gab, und vermutlich auch nicht geben wird, mit dem man Fischkrankheiten z. B. Oodinium oder Cryptocaryon im Wirbellosenbecken bekämpfen kann, wird es auch schwierig werden, etwas Geeignetes gegen die Plattwürmer zu entwickeln oder zu entdecken. Bisher können wir also nur darauf achten, daß sich die Planarien in unseren Riffbecken nicht zu stark vermehren. Wir werden also immer unsere Tierkolonien und die Dekoration einschließlich Bodengrund aufmerksam durchmustern und sofort alle planarienartigen Lebewesen absaugen. Es ist durchaus möglich, die Tiere so einzuschränken, daß sie nicht zu einer Massenentwicklung kommen, allerdings darf man jegliche Bekämpfung nie zu lange hinauszögern, in der Hoffnung, die Würmer verschwänden von allein. Nachlässigkeit oder Zeitmangel können innerhalb weniger Wochen zu einer Plage führen, die dann sehr schwer einzuschränken ist.
Einige Hoffnung auf Erfolg dürfte der Suche nach den natürlichen Freßfeinden dieser Planarien beschieden sein. Als Biologe würde ich dies auch jeder chemotherapeutischen Maßnahme vorziehen.

Leider lassen sich bisher keine eindeutigen natürlichen Feinde nachweisen, obwohl es sie allen Erfahrungen und Beobachtungen im Riff zufolge geben muß. Die üblichen Kleinfische fressen mehrheitlich die Plattwürmer nicht. Lediglich vom braunen Spinnenfisch *Synchiropus ocellatus* ist bisher eindeutig bekannt, daß er verschiedene bunte Kleinplanarien frißt. Diese Beobachtung wurde mir von verschiedenen Aquarianern, z. B. Herrn Häusler, bestätigt. Auch die kleinen Lippfische wie der Sechsstreifenlippfisch *Pseudocheilinus hexataenia* oder die gelben *Coris*- und *Thalassoma*-Arten wurden beobachtet, wie sie die Würmer aufpickten. Nicht in Frage kommen nach allen bisherigen Beobachtungen der Pinzettfisch *Chelmon rostratus,* der gut zur Beseitigung von Glasrosen *Aiptasia* eingesetzt werden kann. Versuche mit Schmetterlingsfischen brachten keinen Erfolg.

Unter den Wirbellosen konnten bisher nur verschiedene kleine Raubschnecken aus der Gattung *Thais* beobachtet werden, wie sie die Planarien vertilgten sowie Seesterne der Gattung *Nardoa.* Die Raubschnecken werden gezielt nicht eingeführt, finden sich aber oft in sog. lebenden Steinen und größeren Kolonien von Krusten- und Scheibenanemonen.

Die Seesterne der Arten *Nardoa variolata, N. tuberculata* und *N. novaecaledoniae* sind dagegen regelmäßig im Handel. Der Einsatz dieser Tiere ist jedoch nur dann erfolgreich, wenn sehr wenig gefüttert wird und die Würmer sich noch nicht massenhaft vermehrt haben.

Keine der vielen von mir untersuchten Garnelen oder Einsiedlerkrebse fraß bisher Planarien, was mich bei der omnivoren Lebensweise der Tiere eigentlich verwundert.

Trotz vieler Fehlversuche bin ich optimistisch, daß wir in Zukunft einen oder mehrere Freßfeinde entdecken werden, denn kein Lebewesen kann sich in der Natur ungestört in Massen vermehren, ohne daß nicht ein anderes auftritt und alles auf ein erträgliches Maß reduziert. Auch bei den in Bild 88 vorgestellten Planarien, die nur auf Scheibenanemonen anzutreffen sind, scheint es sich nicht um echte Parasiten zu handeln. Die Blumentiere werden nämlich nicht dauerhaft geschädigt oder gar aufgefressen. Die Würmer scheinen sich vielmehr nach den bisherigen Beobachtungen vom Schleim, eventuell auch von mikroskopisch kleinen organischen Partikeln, die am Schleim haften, zu ernähren. Doch ist nicht auszuschließen, daß sich die Planarien an geschädigten Scheibenanemonen selbst auch vergreifen. Leider fehlen uns zu diesen noch nicht sehr oft beobachteten Plattwürmern längerfristige Untersuchungen.

Die zweite große Schmarotzergruppe, die in den letzten Jahren immer häufiger in den Becken auftritt, stellen verschiedene Nacktkiemerschnecken *Nudibranchia.* Wie schon bei den Lederkorallen und ihren verwandten achtstrahligen Blumentieren beschrieben, sind es vor allem Angehörige der Familie der Sternschnecken *Dorididae* mit deutlichen, meist um den After angeordneten Büschelkiemen, die einziehbar sind, sowie Fadenschnecken *Aeolididae,* die als

Freßfeinde oder echte Parasiten erscheinen. Auch Schirmschnecken *Umbraculidae,* die noch eine dünne, schildförmige Innen- oder Außenschale besitzen, treten manchmal als Freßfeinde der Blumentiere auf. Neben Schwämmen werden gern Lederkorallen und Krustenanemonen, seltener Röhren- oder Hornkorallen verzehrt.
Bei der Tierbeschreibung wurde schon auf die Gefahr aufmerksam gemacht, die manche Garnelen darstellen. So haben sich alle Vertreter aus der inzwischen recht umfangreichen Gattung *Saron,* die wegen ihrer graugrünen Musterung meist als Marmorgarnelen bezeichnet werden, als wahre Scheibenanemonen- und Steinkorallenschädlinge erwiesen. Die Blumentiere werden von den sehr scheuen, überwiegend nachaktiven Garnelen zerfetzt und aufgefressen. Ähnlich verhalten sich auch die Buckel-, Tanz- oder Rosengarnelen der Gattung *Rhynchocinetes.* Die hübschen Krebse, die ich früher gern als Restevertilger pflegte, vergreifen sich ebenfalls manchmal an Scheiben- und Krustenanemonen. Vor allem die mit kräftigen, klauenartig nach innen gebogenen Scherenfingern bewehrten Männchen der *Rhynchocinetes-*Arten sind wiederholt beobachtet worden, wie sie trotz guter Fütterung vor allem Scheibenanemonen zerlegten. Im Riffaquarium mit vielen unterschiedlichen Blumentieren verzichten wir besser auf die dekorativen Garnelen.
Nicht im Blumentier-Aquarium gepflegt werden sollten auch Langusten, die bunten Riffhummer sowie große Einsiedlerkrebse und Krabben.
Bekannt sind ebenfalls die großen Kissenseesterne der Familie *Oreasteridae,* die gern alle möglichen Blumentiere überfallen und mit ihren Magensäften auflösen, um sie zu verzehren. Weniger bekannt sein dürfte, daß auch kleine Seesterne, die bisher als harmlos galten, zumindest kleinpolypige Steinkorallen und Scheibenanemonen zerstören. So war ich völlig überrascht, als ich mehrmals beobachten konnte, daß die herrlichen *Fromia-*Arten, die kleinen oft rot bis orange gefärbten fünfarmigen Seesterne alle kleinen Scheibenanemonen, die durch Lazeration abgeschnürt worden waren, auffraßen. Größere Exemplare über 3 bis 4 cm Durchmesser wurden jedoch nicht beeinträchtigt. Hier könnten entsprechende Mengen von Abwehrsekreten dann eine Rolle spielen. Die schlankarmigen Seesterne aus den Gattungen *Linckia, Ophidiaster, Echinaster* oder *Phataria* (siehe dazu Niedere Tiere im tropischen Seewasseraquarium, Band II) sind wohl nach allen bisherigen Beobachtungen harmlos. Mir ist kein einziger Fall bekannt geworden, daß diese schönen, leider auch empfindlicheren Seesterne irgendwelche Blumentiere beeinträchtigt hätten.
Auch unter den Schlangensternen *Ophiuroidea* sind nach allen Beobachtungen keine Freßfeinde zu finden. Wir können sie daher als wertvolle Restevertilger unbesorgt einsetzen.
Über parasitäre Bakterien und Einzeller wissen wir so gut wie nichts. Auf diesem Gebiet ist es für Laien auch unmöglich zu unterscheiden, ob jene bei mikroskopischen Untersuchungen geschädigter Blumentiere sichtbaren Bakterien und ein-

zelligen Lebewesen echte Parasiten sind oder das abgestorbene Gewebe verzehren.
Von einigen Krustenanemonen sind schmarotzende Wimpertierchen (Ciliaten) bekannt. Die unter dem Mikroskop untersuchten Formen sehen wie die bekannten Pantoffeltierchen der Gattung *Paramecium* aus. Sie dürften wie das an Lederkorallen schmarotzende Wimpertierchen *Helicostoma,* das im ersten Band im Bild vorgestellt wurde, der Familie der *Philasteridae* zuzuordnen sein. Halb- bis vollparasitär sind mit Sicherheit auch einige *Euplotes*-Arten, die immer wieder einmal an Steinkorallen, Scheiben- und Krustenanemonen angetroffen werden. Die Gefahr, daß Blumentiere nachhaltig von diesen Einzellern geschädigt werden, ist im großen und ganzen sehr gering. Als Ektoparasiten, die auf und nicht im Gewebe der Tiere sitzen, werden gerade Wimpertierchen meist rasch ein Opfer kleiner Lippfische oder ständig herumpickender Leierfische (Mandarinfische) der Gattung *Synchiropus.*
Werden Blumentiere von Bakterien oder Einzellern befallen, sind allen Beobachtungen und Untersuchungen der letzten Jahre zufolge mehrheitlich andere Schädigungen primär erfolgt. Dabei spielen Lichtschäden, wie sie mit falsch eingesetzten Halogen-Metalldampflampen immer wieder beobachtet werden, eine nicht zu unterschätzende Rolle. Die lichtstarken Strahler sind gewiß eine sehr wertvolle Ergänzung in der Beleuchtung unserer Riffaquarien, doch dürfen wir nicht vergessen, daß einige Blumentiere, besonders Scheibenanemonen eben auch erheblich geschädigt werden, wenn sie entgegen ihren natürlichen Standorten den hellen Lampen zu unmittelbar ausgesetzt werden. Das gilt natürlich auch für einige Steinkorallen.
Eine zu starke, unter Umständen 12stündige Beleuchtung mit HQI kann nach allen unseren Beobachtungen durchaus zu Schäden führen, die dann sekundär einen Befall mit verschiedenen Bakterien und Einzellern bewirkt.

Als weitere Primärschädigungen sind allgemein schlechte Wasserbedingungen zu nennen. Neben hoher organischer Belastung, wie sie bei Anfängern oft durch eine übertriebene Fütterung verursacht wird, sind immer noch zu hohe Nitrat- und Phosphatgehalte ein Grundübel, auf das nicht oft genug hingewiesen werden kann.
Schäden erleiden die Tiere aber auch bei einem übertriebenen Einsatz stark exodierender Stoffe wie Wasserstoffperoxid und Ozon. Viele Aquarianer können sich einfach nicht vorstellen, daß gerade diese Oxidantien das Wasser chemisch erheblich verändern und das sekundenschnell. Kein Lebewesen unseres Planeten verträgt eine so schnelle Veränderung seines Milieus ohne mehr oder minder starke Schäden. Für Wassertiere mit ihren weitgehend durchlässigen Geweben gilt das noch viel stärker als für Landtiere.
Langzeitschäden an Blumentieren, die ebenfalls oft zu einem sekundären Parasitenbefall führen, sind nicht selten auch im verwendeten Leitungswasser begrün-

det. Wir sind auf das Problem schon im ersten Band kurz eingegangen. Hier sollen daher nur noch einige Besonderheiten angeführt werden.
In vielen Haushalten in Gebieten mit sehr kalkhaltigem Wasser werden immer häufiger sog. Entkalker eingesetzt. Diese, oft in der Hauptwasserzufuhr (Hauptleitung) installierten Geräte sollen verhindern, daß sich der im Wasser gelöste Kalk im Leitungsnetz niederschlägt. Die Wasseraufbereitungstechnik bietet den Hausbesitzern hierfür inzwischen eine Vielzahl unterschiedlicher Geräte an. Bekannt sind sog. Neutralaustauscher, die meist in besonders vom Kalk gefährdeten Geräten, Waschmaschinen oder Spülmaschinen z. B. direkt eingesetzt werden. Diese technischen Hilfsmittel, die nach dem Prinzip des Ionenaustauschers funktionieren, werden mit Kochsalz regeneriert, und das oft vollautomatisch, so daß der Betreiber nur noch von Zeit zu Zeit Kochsalz in entsprechende Reservebehälter nachfüllen muß. Durch Neutralaustausch enthärtete Leitungswässer sind im allgemeinen für die Meeresaquaristik noch brauchbar. Besser ist auf jeden Fall, das Leitungswasser dort abzuziehen, wo es noch keine Aufbereitungs- oder Entkalkungsgeräte durchlaufen hat.
Eine bei sog. mittelharten Leitungswässern oft verwandte Methode ist die automatische Zugabe von Orthophophaten. Diese verhindern, daß der im Wasser gelöste Kalk sich im Rohrnetz als steinharte Beläge niederschlägt. Derartig aufbereitetes Leitungswasser ist wegen seines hohen Gehaltes an gelösten Phosphaten absolut ungeeignet, um ein gutes künstliches Seewasser herzustellen.
Viele Aquarianer, die ahnungslos ein mit Orthophosphaten aufbereitetes Leitungswasser benutzen, können sich nicht erklären, warum ihre Aquarien unter langdauernden Schmieralgenplagen leiden und die meisten Blumentiere einfach nicht gedeihen.
In einem weiteren technischen Verfahren werden heute auch Metasilicate verwandt, um kalkhartes Leitungswasser „weicher" zu machen. Auch dieses Wasser ist überhaupt nicht mehr für die Seewasseraquaristik zu gebrauchen. Die Silicate führen zu Plagen mit Kieselalgen, die sich nach jedem Auffüllen verdunsteten Wassers oder einem Wasserwechsel wieder massenhaft vermehren und alles mit ihren meist braunen Belägen überziehen. Die Qualität des Leitungswassers muß heute in vielen Fällen leider als unbrauchbar bezeichnet werden. Wer also trotz guter Technik, einwandfreier Seesalze und eines äußerlich einwandfreien Leitungswassers immer wieder Schwierigkeiten hat und zerfallene Tierkolonien wie in Bild 96 und 97 beobachtet, sollte die Qualität des Süßwassers unbedingt prüfen und vor allem auch auf die oben erwähnten Geräte zur Entkalkung in seinem Haushalt achten.
Im folgenden werden einige Parasiten und Freßfeinde im Bild vorgestellt, die beitragen sollen, verschiedene Plagegeister möglichst rechtzeitig zu erkennen.

Weiße Planarie, Bild 86

Die bis 5 mm großen, „doppelschwänzigen“ Planarien sind in fast jedem Aquarium zu beobachten. Meist mit lebenden Steinen eingeschleppt, vermehren sich diese Strudelwürmer oft nach der Massenentwicklung winziger Krebse, Copepoden z. B. *Tisbe*-Arten, die sie fressen. Durch Duftstoffe der Kleinkrebse angelockt, verfolgen die Plattwürmer sie und erbeuten sie mit ihrem vorderen Körperteil. Dieser wird ballonartig aufgewölbt und wie ein Wurfnetz über den Krebs geworfen. Danach zieht sich die Planarie zusammen und entläßt Verdauungssekrete, die das oft noch zappelnde Opfer betäuben. Bis zu 15 dieser kleinen Copopoden können von einem einzigen Wurm gefressen werden.
Sobald die Massenvermehrung der Kleinkrebse, die sich von zerfallenden Kieselalgen und anderen organischen Resten ernähren, nachläßt, geht auch die Vermehrung der Planarien zurück.
Werden kleine Lippfische oder der Mandarinfisch gepflegt, die sich bekanntlich ebenfalls von den Kleinkrebsen ernähren, verschwinden die „Doppelschwänzigen“ oft völlig.
Neben dieser winzigen räuberischen Planarie entwickeln sich vor allem in frisch eingerichteten Becken allerhand weitere ähnliche Arten, die als Restevertilger, Aasfresser oder auch Räuber auftreten. Manche werden von den oben genannten Fischen verzehrt, andere bleiben als Dauergäste, die selten einmal in Massen erscheinen, im Becken erhalten.

Rote Planarien, Bild 87

Rötliche bis dunkelrotbraune oder oliv-beige gefärbte Strudelwürmer gehören seit wenigen Jahren zu unliebsamen Plagegeistern in einigen Riffbecken. Etwa alle 8 Tage vermehren sich die Planarien, wobei bis zu 50 Nachkommen entwikkelt werden können. Die Eigenfärbung wird oft durch symbiotische Algen bestimmt, so daß die Tiere regelmäßig an gut beleuchteten Stellen im Becken zu finden sind. Da sie sich auch auf vielen Blumentieren niederlassen, können diese mit der Zeit förmlich erstickt werden. Manche Arten scheiden einen sehr zähen, wohl auch giftigen Schleim ab, der kaum zu entfernen ist. Angeschwemmter Detritus schützt diese Planarien dann noch zusätzlich. Natürliche Freßfeinde kennen wir bisher nicht. Vereinzelt wurde beobachtet, daß der Leierfisch *Synchiropus ocellatus* bunte Planarien frißt, wobei eine Massenvermehrung jedoch nicht verhindert werden kann.
Eine gezielte Bekämpfung mit irgendwelchen Medikamenten ist bis heute noch nicht möglich. Die Strudelwürmer müssen daher regelmäßig abgesaugt werden. Dichtere Ansammlungen können auch mit Kalkwasser, das in eine Spritze aufgezogen wird und über den Würmern ausgestoßen wird, abgetötet werden.

Bild 86: Weiße Strudelwürmer, Planarien

Bild 87: Rostrote Planarien

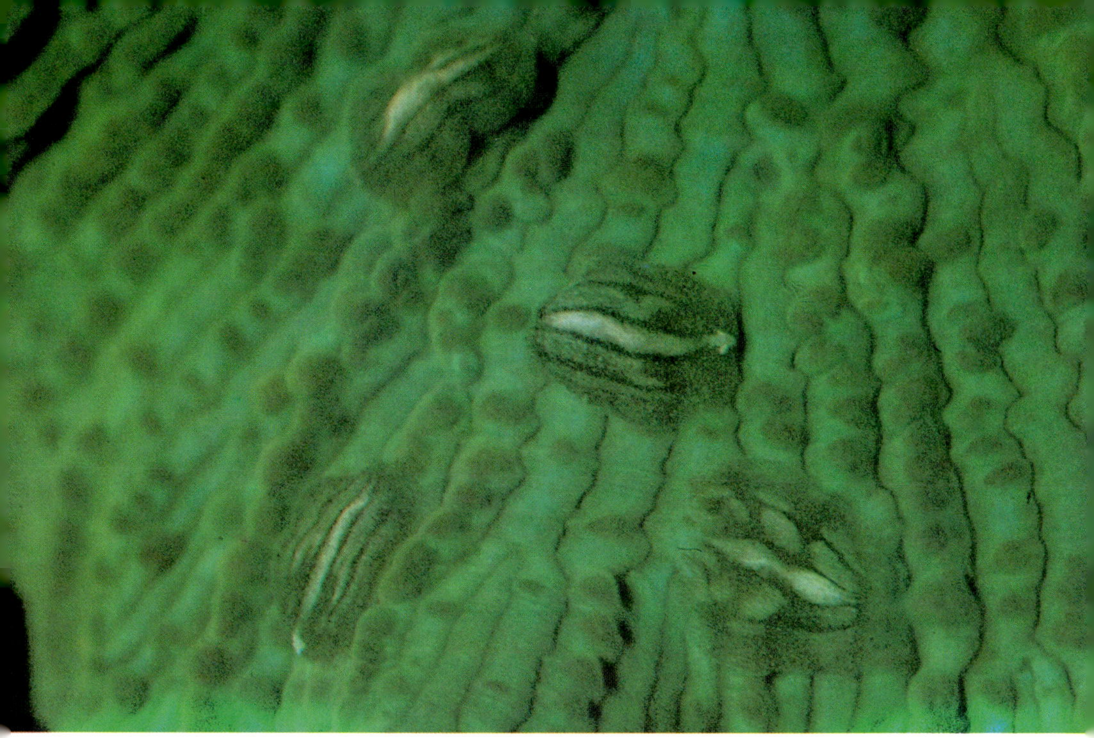

Bild 88: Planarien auf einer Scheibenanemone

Bild 89: Feuerborstenwurm *Hermodice* spec.

Planarien auf Scheibenanemonen, Bild 88

Manchmal entdeckt man auf frisch importierten Scheibenanemonen, aber auch auf großpolypigen Steinkorallen, Platt- oder Strudelwürmer, die dem Gewebe der Tiere perfekt angepaßt sind. Auch diese Planarien sind wohl noch keine eigentlichen Parasiten, sondern dürften sich überwiegend vom Schleim der Blumentiere ernähren. Sie verbleiben grundsätzlich auf ihren Wirten und verlassen sie nur, um neue aufzusuchen. Sie bewegen sich daher äußerst selten einmal frei im Becken.
Diese Planarien kann man recht einfach entfernen. Man taucht den Tierstock mitsamt seinen Plagegeistern sekundenweise in Süßwasser. Dabei werden die Würmer entweder abgetötet oder verlassen zumindest den Wirt. Natürliche Freßfeinde für alle kleineren Planarien gibt es bisher noch kaum. Der Spinnen- oder braune Leierfisch *Synchiropus ocellaris* sowie verschiedene kleine Lippfische vertilgen sie hin und wieder. Bei einer Massenvermehrung helfen die Fische aber nicht viel weiter. Früh genug eingesetzt, helfen sie aber, die Plagegeister kurz zu halten. Jeder Seewasseraquarianer ist gut beraten, wenn er sich die Tierkolonien, die er kaufen möchte, aufmerksam ansieht. Bräunliche, rötliche und andersfarbige oval-längliche Punkte, die sich u. U. noch bewegen, sollten ihn unbedingt vom Erwerb abhalten. Auch mustere man alle neu ins Aquarium gesetzten Blumentiere gerade die ersten Tage aufmerksam mit einer Lupe durch. Erkennt man ein Lebewesen, das auch nur annähernd so aussieht, wie die hier im Bild vorgestellten, entferne man den Tierstock vorsorglich. Man kann ihn dann, wie beschrieben, kurz in Süßwasser tauchen, was in den meisten Fällen hilft.

Räuberischer Borstenwurm Hermodice spec., Bild 89

Über die räuberischen Borstenwürmer Polychaeta, vor allem die großen Arten, wurde schon im Band „Röhren-, Leder- und Hornkorallen“ ausführlich berichtet. Bild 90 soll nochmals veranschaulichen, wie gefräßig große *Hermodice-, Eunice-* und *Nereis-*Arten über kleine Fische, freibewegliche und festgewachsene Wirbellose herfallen können. Im allgemeinen sind die Würmer Aasfresser und Restevertilger, doch vergreifen sie sich immer wieder einmal auch an Scheibenanemonen und Steinkorallen. Lästig werden sie vor allem auch, weil sie versuchen, großpolypigen Steinkorallen die Futterbrocken aus dem Gastralraum zu zerren, wobei sie deren Gewebe leicht mit ihren kräftigen Kiefern verletzen. Große Borstenwürmer sollten unbedingt mit den im ersten Band geschilderten Maßnahmen aus den Riffbecken entfernt werden. Lästig werden oft auch kleinere Arten, die sich im Bodengrund massenhaft vermehren. Hier saugt man am besten ein Driitel bis die Hälfte des Bodengrundes ab und wäscht gründlich im Leitungswasser durch.

Parasitäre Gehäuseschnecke *Heliacus areola,* Bild 90

Eine ausgesprochen parasitäre Gehäuseschnecke *Heliacus areola* wird immer wieder einmal mit Krustenanemonen aus dem Indo-Pazifik eingeschleppt. Die um 10 mm große Schnecke ernährt sich ausschließlich von Krustenanemonen, die sie mit Hilfe ihres lang vorstreckbaren Rüssels leersaugt. Zurück bleibt nur die Schutzhülle, Kutikula. Glücklicherweise sind die schwarz-weiß gebänderten Weichtiere gut zu erkennen und können mit einer Hakenpinzette abgelesen werden. Die Schnecke ist sehr gut geschützt, kann sie doch die Schalenöffnung mit einem Deckelchen, Operculum, verschließen. Das Verbreitungsgebiet des Mollusken scheint sich über den gesamten tropischen Indischen und Pazifischen Ozean sowie das Rote Meer zu erstrecken. Ich fand die Parasiten vor allem in *Palythoa*-Kolonien von Indonesien, Singapur, Sri Lanka und Ostafrika.
Auch aus der Karibischen See sind Polypenfresser der Gattung *Heliacus* bekannt geworden, desgleichen aus Hawaii. Neben dieser Gattung gibt es noch mehrere weitere kleine Raubschnecken, die Krusten- und Scheibenanemonen, Steinkorallen bis hin zu Seeanemonen fressen. Dazu gehören vor allem kleine, kaum 10 mm große Konusschnecken, Angehörige der Gattungen *Architectonica, Philippia, Thais, Murex* sowie Eischnecken *Ovulidae* und Olivenschnecken *Olividae.* Auch manche Porzellanschnecken der Gattung *Cypraea* vergreifen sich an festgewachsenen Blumentieren.
Da wir über die Mehrzahl der ungewollt mit eingeschleppten Gehäuseschnecken nicht wissen, welche Nahrung sie im einzelnen bevorzugen, ist anzuraten, jedes Weichtier, das zwischen den Blumentieren zu entdecken ist, erst einmal zu entfernen. Eine geschlechtliche Vermehrung, die zu einer Massenentfaltung führen könnte, ist bei den meisten Gehäuseschnecken nicht zu befürchten, da sie sich über komplizierte freischwimmende Larvenstadien fortpflanzen.

Nacktschnecken, Bild 91

Wunderschön gefärbte, bunte Nacktschnecken wie die im Bild 91 vorgestellte Art aus der Familie *Glossodoridae* werden immer wieder einmal eingeführt und im Fachhandel angeboten. Die prächtigen Weichtiere reizen zum Kauf, doch erwerbe man sie grundsätzlich nie für ein Riffaquarium mit festsitzenden Blumentieren, es sei denn, man wolle ihr Freßverhalten und ihre Nahrungsgewohnheiten studieren. Fast alle Nacktkiemerschnecken sind Nahrungsspezialisten, die nur bestimmte Tiergruppen, meist sessile Organismen verzehren.
Viele von ihnen haben sich auf bestimmte Schwämme, Moostierchen, Röhrenwürmer und Blumentiere spezialisiert. Viele mit büschelartigen Rückenkiemen verzierte Sternschnecken *Doridacea* fressen gern Steinkorallen, manche auch Scheiben- und Krustenanemonen sowie Röhren-, Leder- und, seltener, Hornkorallen.

Bild 90: Gehäuseschnecke auf Krustenanemonen

Bild 91: Nacktkiemerschnecke

Bild 92: Fadenschnecke auf Krustenanemonen

Bild 93: Durch Parasiten geschädigte Krustenanemone

Weiße Fadenschnecke Spurilla spec., Bild 92

Ähnlich den Sternschnecken sind auch die Fadenschnecken der Unterordnung *Aeolidacea* Nahrungsspezialisten, die überwiegend die verschiedensten Hohletiere *Coelenterata* heimsuchen. Je nach Art fressen sie Hydroidpolypen, Quallen oder Medusen, Blumentiere fast jeder Gattung und manchmal auch Moostierchen, Krebse und andere Weichtiere oder sogar Fischeier.
Ihren Namen verdanken sie den in Reihen oder Gruppen angeordneten fädigen Kiemenanhängen. Noch mehr als die Sternschnecke können die Fadenschnekken Nesselzellen ihrer Futtertiere verwerten und zu eigenem Schutz einsetzen. Von einigen Fadenschnecken wissen wir, daß sie sich mit einer direkten Entwicklung ohne freischwimmendes Larvenstadium und auch ungeschlechtlich im Aquarium vermehren. Wir müssen also beim Kauf unserer Blumentiere vor allem auch nachts immer wieder beobachten, ob nicht eines der 0,5 bis 2 cm großen Weichtiere zwischen den Polypen auftaucht. Gefährdet sind neben Lederkorallen, wie schon im ersten Band beschrieben, vor allem Steinkorallen und Krustenanemonen. An Scheibenanemonen findet man die Fadenschnecken merkwürdigerweise weniger.
Die glitschigen Tiere ergreift man am besten mit einer Hakenpinzette, wobei man darauf achtet, sie nicht zu zerreißen, ist doch nicht auszuschließen, daß sich aus Resten neue Schnecken entwickeln.
Manchmal kann man zwischen den Blumentierpolypen kleine Eigelege entdekken. Sie vernichtet man am besten, indem man in eine Spritze ein wenig frisch angesetztes Kalkwasser aufzieht, das man vorsichtig über den Eiern ausrinnen läßt.

Durch Parasiten geschädigte Krustenanemone, Bild 93

Manchmal entdeckt man in den Kolonien verschiedenster Krustenanemonen einzelne Tiere oder kleine Gruppen, die sich nicht mehr völlig entfalten. Hierfür sind unterschiedliche Schmarotzer verantwortlich. Winzige, kaum sichtbare Würmer saugen die Polypen meist von der Basis her leer. Auch die erwähnten *Heliacus*-Schnecken können als kaum bemerkbare Jungtiere für „leere Polypenhüllen" verantwortlich sein. Auch glasige Kugelalgen, die sich unter HQI-Licht besonders gut vermehren, können die Polypen förmlich erdrücken. Das Gleiche gilt für kalkbohrende Schwammkolonien, die urplötzlich aus dem Substratgestein herauswachsen.
Der gesamte Tierstock kann aber auch von einem anderen Blumentier, das in der Nähe gut gedeiht, beeinträchtigt werden, sei es durch stärkeres Nesselgift oder irgendwelche andere Abwehrsekrete. Als Folge so vorgeschädigter Tierstöcke erscheinen dann bald allerlei einzellige Lebewesen, Wimpertierchen oder Ciliaten vor allem, aber auch Bakterien.

Zerfallende Krustenanemone, Bild 94

Dieses Bild zeigt uns, wie sich eine Schädigung von Krustenanemonen bei direkter Vernesselung durch Scheibenanemonen auswirkt. Die ständig durch das Nesselgift beeinträchtigten Polypen am Rande des Tierstockes beginnen schleimig zu zerfallen. Bringt man ein wenig von dem zerstörten Gewebe unter das Mikroskop, erkennt man neben verschiedenen Einzellern eine Fülle von Bakterien, die das geschädigte Gewebe allmählich enzymatisch auflösen und verzehren.
Ähnliche Zerfallserscheinungen an Steinkorallen, Krusten- und Scheibenanemonen kann man auch beobachten, wenn Stoffwechselstörungen, etwa durch einen zu hohen Nitratgehalt, vorher eingetreten sind.
Auch durch zu helle Strahlung bedingte Lichtschäden führen zu einer allmählichen Auflösung der Polypen, wobei dann Bakterien sich wieder in Mengen vermehren und das Gewebe abbauen.
Der Massenbefall mit Einzellern und Bakterien kann durchaus auch auf gesunde Polypen übergreifen. Man entfernt also den Tierstock, schabt mit einem scharfen Skalpell alle zerstörten Polypen sorgfältig ab und spült dann die Kolonie mehrmals kräftig in einem Gefäß mit Seewasser aus dem Aquarium durch. Danach plaziert man den Tierstock an einer strömungsreichen Stelle im Aquarium so, daß er nicht von anderen Blumentieren beeinträchtigt wird. Man beobachte ihn die nächsten Tage hindurch aufmerksam. Geht der Zerfall weiter, entfernt und vernichtet man das Ganze besser, bevor weitere verwandte Blumentiere eventuell in Mitleidenschaft gezogen werden.

Zerfallende Goniopora-Koralle, Bild 95

Dieses Bild einer Goniopora-Koralle, die allmählich, manchmal innerhalb weniger Stunden zerfällt, dürfte vielen Seewasseraquarianern bekannt sein.
Auch hierfür sind die verschiedensten Ursachen verantwortlich. Regelmäßig liegt eine Stoffwechselstörung vor, die vor allem wieder durch zu hohe Nitrat- und Phosphatwerte bedingt wird. Auch Vernesselung, wie man sie z. B. durch eine standortnahe Blasenkoralle bewirken kann, führt zu so einem schleimigen Zerfall. Plötzliche Dichteschwankungen können, müssen aber nicht die Ursache sein. Viel eher kommen da verschiedene Fische und vor allem die Garnelen der Gattung *Saron* und *Rhynchocinetes* in Betracht. Nicht zuletzt müssen wir wieder auf falsche Lichtverhältnisse verweisen. Sehr selten jedoch sind echte Parasiten auszumachen, wenngleich das bräunlich zerfallende Gewebe wieder Unmengen an Einzellern und Bakterien aufweist.
Gonipopora-Korallen oder andere Riffbildner, die derartig zerfallen, sind nicht zu retten. Bevor das rasch verderbende Gewebe das Wasser unnötig belastet, entferne man den Tierstock und benutze das gereinigte Kalkskelett allenfalls noch als Dekorationsmaterial.

Bild 94: Zerfallende Krustenanemone

Bild 95: Schleimig zerfallende *Goniopora*-Koralle

Literaturverzeichnis

Bemert, G., & Ormond, R.: Red Sea Coral Reefs. Kegan Paul International London & Boston, 1981

Bennet, I.: The Great Barrier Reef. Lansdowne, Melbourne, 1971

Coles, S. L., & Jokiel, P. L.: Effects of Temperature on Photosynthesis and Respiration in Hermatypic Corals. Mar. Biol. 46, 209–245, 1978

Dustan, P.: Distribution of Zooxanthellae and photosynthetic Chloroplast Pigments of the Reef-building Coral Montastraea annularis in Relation to Depth on a Westindian Coral Reef. Bull. Mar. Sci. 29, 79–95, 1979

Franzisket, L.: Nitrate uptake by reef corals. Int. Rev. ges. Hydrobiol. 59, 1–7, 1974

Fricke, H.: Korallenmeer. Belser Verlag, Stuttgart. 1972

Ders.: Bericht aus dem Riff. Piper Verlag, München u. Zürich, 1976

Frost, S. H. M. P. Weiss & Saunders, J. B. (Edit.): Reefs and related carbonate ecology and sedimentology. Amer. Ass. Petr. Geol., Tulsa 1977

Gardiner, J. S.: Coral reefs and atolls. Macmillan & Co., London, 1931

Goreau, T. F.: The physiology of skeleton formation in corals. Biol. Bull. mar. biol. lab., Woods Hole, 116, 59–75, 1959

Grasshoff, M.: Polypen und Kolonien der Blumentiere, Nat. Mus. 111, 1–8, 29–45, 134–150, 1981

Graus, R. R., & Macintyre, I. G.: Light control of growth form in colonial reef corals: computer simulations. Science 139, 895–897, 1976

Johannes, R. E.: Pollution and degradation of coral reef communities. In: E. J. F. Wood and R. E. Johannes (Edtrs.), Tropical pollution Elsevier Oceanogr. Ser., 12, 13–51, 1975

Jones, O. A., & Endean, R. (Edtrs.): Biology and geology of coral reefs, 4 Bde. Academic Press, New York u. London. 1973–1977

Kohn, A. J.: Diversity, utilisation of resources and adaptive radiation in shallow water marine invertebrates of tropical oceanic islands. Limn. Oceanogr., 16, 332–348, 1971

Kühlmann, D. H. H.: Das lebende Riff, Landbuch Verlag, Hannover, 1984

Lauckner, G.: Diseases of Cnidaria, In: O. Kinne: Diseases of marine animals, 169–237, J. Wiley & Sons, Chichester, N. Y., Brisbane, Toronto, 1980

Mather, P., & Bennet, I.: A coral reef handbook. G. B. R. C. Handbook, Ser. Nr. 1, 1978

Maxwell, W. G. H.: Atlas of the Great Barrier Reef. Elsevier Publ. Amsterdam, 1968

Muscatine, L.: Nutrition in corals. Biol. and Geol. of Reef corals, Vol. 2, Biol. 1, 77–115, 1973

Nemenzo, F.: Systematic studies on Philippine shallow water scleractinians. Nat. Appl. Sci. Bull. Philippines, 16 (1–4), 73–135, 1973

Pax, F.: In: Kükenthal und Krumbach, T. (Hrsgb.): Handbuch der Zoologie, Band I. Hexacorallia, 770–901, W. de Gruyter & Co., Berlin u. Leipzig, 1925

Pearson, R. G.: Revovery and recolonisation of corals reefs. Marin. Ecol. Prog. Ser. 4, 105–122, 1981

Potts, D. C.: Suppression of coral population by filamentous algae. J. exp. mar. Biol. Ecol. 28, 297–316, 1977

Robertson, R.: Review of the predators and parasites of stony corals, with special reference to symbiotic prosobranch gastropods. Pac. Sci. 24 (1), 43–54, 1970

Rosen, B. R.: The distribution of reef coral genera in the Indian Ocean, Symp. Zool. Soc. Lond., 28, 263–299 (Editrs.: Stoddart, D. R., & Yonge, M.), 1971

Ders.: The distribution of reef corals. Rep., Underwater Assoc., 1, 1–16, 1975

Scheer, G.: Coral reefs and coral genera in the Red Sea and Indian Ocean. In: Regional variation in Indian coral reefs. Symp. zool. Soc. London, 28, 329–367 (Editrs.: Stoddart, D. R., & Yonge, M.) Academic Press, 584 pp., 1971

Schuhmacher, H.: Korallenriffe. BLV, München, Bern, Wien, 1976

Sorokin, Y. I.: Phytoplancton and planctonic bacteria in the ecosystem of coral reef. Z. obsc. Biol. 40, 677–688, 1979

Stoddart, D. R., & Johannes, R. E. (Editrs.): Coral Reefs, research methods. UNESCO, Paris, 1978

Wells, J. W.: Scleractinia. In: R. C. Moore (Editrs.): Treatise on Invertebrate Paleontology, Pt. F. Geol. Soc. Amer. Univ., Kansas Press, 328–443, 1956

Wilkens, P.: Niedere Tiere im tropischen Seewasseraquarium, Band I u. II. Engelbert Pfriem Verlag, Wuppertal, 1970 u. 1980

Wilkens, P., & Birkholz, J.: Niedere Tiere, Röhren-, Leder- und Hornkorallen. Engelbert Pfriem Verlag, Wuppertal, 1986

Wood, E. M.: Corals of the World, TFH Public. Inc. Ltd. Hongkong, 1983

Wray, J. L.: Calcareous algae. Elsevier, Amsterdam, Oxford, New York, 1977

Yonge, C. M.: The nature of reefbuilding (hermatypic) corals. Bull. Mar. Sci. 23, 1–15, 1973

Sachregister

Die mit Sternchen (*) bezeichneten Seiten = Bildseiten